儿童情绪自控力工具箱 ❷

成为自己的"冷静大师"

[美]劳伦·布鲁克纳（Lauren Brukner）著
[美]阿普斯利（Apsley）绘
颜玮 译

机械工业出版社
CHINA MACHINE PRESS

Copyright © Lauren Brukner, 2017
Illustrations copyright © Apsley 2017
All rights reserved.

This translation of 'Stay Cool and In Control with the Keep-Calm Guru: Wise Ways for Children to Regulate their Emotions and Senses' is published by arrangement with Jessica Kingsley Publishers Ltd. www.jkp.com.

Simplified Chinese Translation Copyright © 2023 by China Machine Press.
This edition is authorized via Chinese Connection Agency for sale throughout the world.

北京市版权局著作权合同登记　图字：01-2021-5283号。

图书在版编目（CIP）数据

儿童情绪自控力工具箱.2，成为自己的"冷静大师"/（美）劳伦·布鲁克纳（Lauren Brukner）著；颜玮译.—北京：机械工业出版社，2023.3
ISBN 978-7-111-72573-2

Ⅰ.①儿… Ⅱ.①劳…②颜… Ⅲ.①情绪-自我控制-儿童读物 Ⅳ.①B842.6-49

中国国家版本馆CIP数据核字（2023）第030434号

机械工业出版社（北京市百万庄大街22号　邮政编码100037）
策划编辑：刘文蕾　　　　　　责任编辑：刘文蕾
责任校对：薄萌钰　张　征　　责任印制：常天培
北京机工印刷厂有限公司印刷
2023年5月第1版第1次印刷
130mm×184mm·5.25印张·83千字
标准书号：ISBN 978-7-111-72573-2
定价：129.00元（全4册）

电话服务　　　　　　　　　网络服务
客服电话：010-88361066　　机　工　官　网：www.cmpbook.com
　　　　　010-88379833　　机　工　官　博：weibo.com/cmp1952
　　　　　010-68326294　　金　书　网：www.golden-book.com
封底无防伪标均为盗版　　机工教育服务网：www.cmpedu.com

这本书献给所有的孩子们。

我真心相信,
你们每个人内心平静的火花都是美丽的、
独一无二和与众不同的。
在你们的心中,这些火花是那样美好、
温暖、光明而有力量。

有时,你会感到极度黑暗,
而就是在那个时刻,你恰好有了一个机会,
可以向自己证明心中的那束光能有多么的明亮。
而且,在那个时刻,你还会意识到,
你的那束光不仅可以照亮自己的生活,
还可以照亮自己的世界。

前　言

这是一套关于孩子"情绪自控力"的图书。

学会掌控自己的情绪，是孩子成长过程中一个非常重要的维度。孩子身上的很多问题，比如无法专心学习、出现各种各样的问题行为，背后往往是"情绪"在作祟，使他们处于某种负面情绪状态，并且无法很快从中脱身出来。而这套书，就是要教给孩子一系列实用的技能，让他们能在遭遇负面情绪时，及时进行自我调整。

1. 四种情绪状态

建立情绪自控力，第一步是要让孩子能够识别自己的情绪状态。在这套书里，作者把人的情绪状态分为了四类：

第一种状态叫"刚刚好"。"刚刚好"是一种平和、安详的情绪状态，在这种情绪状态下，我们专注于自己正在做的事，可以开展深入的思考，也更容易感受到快乐。这也是我们需要尽可能去维持的情绪状态。

第二种状态叫"缓慢而疲倦"。"缓慢而疲倦"会给人一种筋疲力尽的感觉,我们可能会感觉自己四肢沉重,或者觉得自己很困。在这种状态下,我们很难集中注意力,有时还会变得很急躁。

第三种状态叫"快速而情绪化"。在这种状态下,我们在行为上会显得很亢奋,但是这种亢奋往往是由压力和令人烦心的事带来的。

最后一种状态叫"快速而摇摆不定"。当我们感觉"快速而摇摆不定"时,身体动作往往会不自觉地增多,以释放自己多余的精力和能量。这种情况下,我们也会很难集中自己的注意力。

有了这个分类,孩子会更容易分辨自己当下正处在哪种情绪状态之中。当他们意识到自己正在经历"缓慢而疲倦""快速而情绪化"或"快速而摇摆不定"的状态时,会更主动地想到:"我需要想办法调整一下自己的情绪状态了。"

2. 三类应对策略

当然,只是意识到自己需要做出调整还不够,关键还要掌握能有效调整自己情绪状态的方法和策略。这正是整套书想要提供给孩子的。

这套书为孩子提供了三类适用于不同场景的情绪调整策略。

第一类策略我们称之为"随时随地让身体休息一下"。主要是一些我们在日常站姿或坐姿下就可以完成的小幅度动作，不需要使用其他工具，也不会占用太长时间。这意味着使用这类策略调整自己的情绪状态，不会打断我们正在做的事情，并且随时随地都可以做。

第二类策略是"工具"。有时候我们需要使用一些工具来帮助自己调整情绪状态。这里说的工具都是一些日常生活中很常见的物品，是一些物理的、有形的东西，很容易找到。它们可以帮助我们变得有条理、平静、重新集中精神并关注自己的身体。

第三类策略是"让身体彻底休息"。相对于前两类策略，"让身体彻底休息"是一种用自己身体进行的动作幅度更大的练习，这些练习往往需要专门的空间和时间来进行，这也意味着它会打断我们正在做的事。当然，相对而言，这类策略调整情绪状态的效果也是最强的。

在本套书中，以上每类策略都包含一系列具体的动作练习或工具，帮助孩子掌握调节自己情绪状态的技能。这些基于心理学研究的练习和工具，会帮助孩子联结身体和情绪，通过让身体"跨越中线"、为身体提供"本体感觉输入"等方式，达到调节情绪的目的。

3. 如何更好地使用这套书？

这套书共包含 4 册，每册分别从孩子和成人两个视角展开：前半部分主要针对孩子的情绪状态，提供了很多简单易操作的、提升情绪自控力的方法；后半部分主要针对父母、教师及相关的教育者，提示他们如何正确地运用书中提供的方法和策略，以更好地帮助孩子。每本书的附录还把全书中的工具和方法进行了汇总和图示化，如"刚刚好"自检表、"我的十大优点"卡、自我观察清单、标记自己的感觉等，一目了然，便于读者更好地选用。

以上这些内容在本套书中都是以轻松的、适合孩子的方式呈现的。通过掌握这一系列的方法技能，孩子可以建立属于自己的情绪自控力，逐步成为自己情绪的主人，迈出自我成长中的关键一步。

致 谢

我要再次由衷地感谢我那超级耐心、令人惊叹且才华横溢的编辑雷切尔·曼齐斯。她对本系列所有书籍内的信息都提供了支持。她在成书的过程中非常耐心，付出了无休无止的编辑时间。她对本书的愿景有着真实的信念，她坚定地希望本书会对家庭和教育者的生活产生影响。她所做的所有这一切使得原本只是我们通过电子邮件进行讨论的想法最终发展成了您此时此刻手中拿着的并且正在阅读的实体书籍。万分感谢你，雷切尔！

我也还要再次感谢杰西卡·金斯利出版社出色的编辑、制作和营销团队。我觉得自己能为这样一家出版社写书是非常幸运的，因为他们是如此重视出版那些能使他人的生活有所不同的书籍。他们给我提供了机会，让我写出这些能够积极影响他人生活的书籍，对此，我常常会在每天早晨醒来的时候感到幸福得难以置信。

感谢我的家人们。随着时间的流逝，我意识到与家人的联结是多么重要。我爱你们。

谢谢我的祖父"波比"（Poppy，意大利语中相当于祖父的意思，是受孩子们欢迎的对祖父的爱称。——译者注），我孩子们了不起的曾祖父。他已经过世一年多了。我想对他说下面这些话：我希望用这本书来纪念你。你是第一个鼓励我写作的人，也是那个自始至终一直鼓励我写作的人。当我告诉你"我没有时间，我有三个小孩和一份全职的工作，我连睡觉的时间都没有"时，你只是温柔地微笑着说："那又怎么样呢？"我真的相信你正在天堂以某种方式读我写的这些话。我希望，在我写完三本书之后，我能让你为我感到骄傲。

感谢我生命中的挚爱——乔尔。之前写书时，我曾经尝试用语言来表达我对你的感谢。但是，现在，当我打这些字时，我仍然觉得我做不到。你为我做的事情太多了，你太珍贵了，没有任何言语可以形容我对你的爱和感激。

最后，我要感谢我的三个孩子，莎娜、约瑟夫和莉安娜。写作、出版并通过我的文字去影响他人是我的梦想。

我做到了。这需要大量的努力,因此我全心全意地投入到了我的工作中。如果说,这是我以我自己为榜样去教导你们,我希望你们能从中学习到些什么。我是如此地爱你们,而且,我也对你们充满了信心。

目 录

前 言
致 谢

第一部分
写给孩子们：欢迎踏上"寻光"之旅

第一章	遇见冷静大师	... 002
第二章	你的光是什么？	... 004
第三章	将大脑与身体连接到一起	... 007
第四章	四类感受："刚刚好""缓慢而疲倦""快速而情绪化""快速而摇摆不定"	... 009
第五章	让抽象的感觉变得具体	... 016
第六章	能获得"刚刚好"感觉的特殊步骤	... 023
	"刚刚好"自查表	... 023
第七章	怎样使用这本书？	... 026
第八章	随时随地让身体休息一下：科学原理	... 029

第九章	随时随地让身体休息一下：动作练习	... 034
	吹泡泡呼吸法	... 034
	呼吸感觉检查	... 035
	腿部深压按摩	... 037
	找到你的光	... 039
	手部按摩	... 041
	手腕交叉	... 042
	双腿交叉	... 044
	自我肯定	... 045
	渐进式肌肉放松	... 049
	双手相握	... 050
	耳部按摩	... 051
	感觉自己的身体在哪里	... 053
	拍打双臂	... 056
	用手掌捂住眼睛	... 057
	敲打双腿	... 059
	头部倒置	... 060
	正念	... 062
第十章	**工具：使用你们大多数人已经有的东西**	... 065
	"刚刚好"自查表	... 066
	MP3 播放器	... 068
	我的十大优点	... 069
	随手画或写日记	... 071
	瑜伽球	... 073

可穿戴的把玩件 / 橡胶钥匙圈手链	... 075
转椅	... 077
塞满枕头的洗衣篮	... 078
白炽灯 / 自然光	... 079
膝上垫子 / 小桌子	... 080
曼陀罗	... 081
在日常用品上贴魔术贴	... 082
活页夹 / 可分科目的笔记本	... 083
背包 / 挎包	... 085
环抱式靠枕	... 086
宠物窝式靠枕	... 087
画出课程	... 088
冷静区 / 放松区	... 090

第十一章 让身体彻底休息：瑜伽 ... 093

下犬式	... 095
上犬式	... 096
弓式	... 097
桌式	... 099
婴儿式	... 101
拜日式	... 102
风车式	... 104
直立前屈	... 106

第十二章 我们暂时要结束旅行了 ... 108

第十三章 感觉"刚刚好"，让你的光更闪亮 ... 109

第二部分
写给成年人:为孩子提供方法与支持

给父母和看护人:如何充分利用这本书?	... 114
给教师和治疗师:如何充分利用这本书?	... 118
马斯洛人类需求层次及其与儿童发展的联系	... 122
需要考虑的基本需求	... 123
解决基本需求的一些建议	... 124
促进整体自律的简单办法	... 128

附 录

附录一 "刚刚好"自查表	... 136
附录二 "我的十大优点"卡	... 139
附录三 "自我肯定"清单	... 141
附录四 "刚刚好"的自我观察记录表	... 143
附录五 桌面提醒字条	... 145
附录六 提醒手环	... 149
附录七 "画或写"日记卡	... 151

第一部分

写给孩子们:
欢迎踏上"寻光"之旅

第一章

遇见冷静大师

你好!我的名字是奥罗拉。我的父母经常讲述有关我名字的故事:在我出生之前,他们会在炎热夏天的夜

晚用明火烤棉花糖，在寒冷冬天的早晨与来访的朋友徒步穿越小屋周围的树林，听靴子下的白雪发出嘎吱嘎吱的声响。就在我出生的那一天，当我睁开眼睛的一瞬间，好像有一束阳光穿透了所有这一切，照进了他们的内心。

这就是为什么他们将我命名为奥罗拉——这个名字代表着光。我相信有一道光，能照进我所连接的每一颗心。它代表了一种实现和平与宁静的能力。我一生中的大部分时间都在帮助别人寻找他们自己的那束光，尤其是当他们只感觉到黑暗的时候。

你不想和我一起踏上这段旅程吗？让我们详细聊一聊你的光，让它照耀你的眼睛和你的心。当你在某一刻、某一天、某一周甚至更长的时间里感到艰难时，你就可以召唤那束光来温暖你，引领你度过那段艰难的时光了。

在阅读本书的旅程中，我将作为你的导师，你将作为我的学生，对不对？所以，你可以用老师来称呼我，你可以叫我冷静大师，或者，如果你愿意的话，也可以叫我大师奥罗拉。

我很高兴能和你一起开启我们的旅程……

第二章
你的光是什么？

我们就要踏上关于和谐、自控及宁静的探秘之旅了。出发前，让我们先真正理解一下我们称之为"光"的东西的含义到底是什么，这对我们来说是很重要的。

正如我们在本书中常常描述的那样，这里的"光"并不是一个科学术语。它不涉及生理方面的感受，它无法被测量，也无法被量化。但这并不会使它变得不那么真实，至少对我来说是这样。

我相信，这个地球上的每个人都是带着一束闪亮而美丽的光出生的，那束光在他们的心中闪耀。当他们在一生中经历各种大大小小的、不好的甚至好像能把人压垮的感受时，那束光能够让他们在脑海中和心中感觉自己可以控制那些感受。

某些人的光并不总是那么容易被发现。当他们正在经历那些生活中频繁发生的、特别令人难熬的时刻时，他们就更难找到自己的那束光了。可悲的是，一个人的光的确会因此被长期掩埋和隐藏起来。

闭上眼睛待一会儿。然后，把手放在心脏的位置上。感觉心脏在你的手下跳动着。你能感觉到它那熟悉的律动吗？

想象从你的心中射出一束温暖的光，它穿过了你的指尖。这束光是什么颜色的？什么颜色最能代表你是谁？就这样静止一会儿。你的光会来找你的。

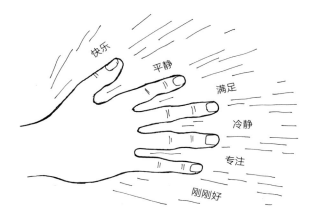

你的光代表着你所有的希望、积极的感受和美好的想法。

当你感到快乐、平静、满足、冷静、专注和刚刚好的时候,你的光就会发出明亮的光芒。

有的时候,你需要一些黑暗时刻(或者困难的想法或感受)才能将那束光带到身体的表面来,使它发出最耀眼的光亮。

你要把这些时刻当作能对世界产生积极影响的机会来使用。

第三章
将大脑与身体连接到一起

我和我的朋友劳伦一起写了这本书。劳伦是一名职业治疗师。关于如何将大脑与身体连接到一起才能让你感觉到自己的光最为明亮这件事,我们俩各有各的办法。于是,我们聚在一起,将各自的知识融合起来,写到了这本书里。

很多时候,我们的内心、大脑或两者同时会思考或感受到强烈的情绪,不是吗?举例来说,我们会感受到沮丧、愤怒、悲伤和恐惧,等等。当我们不知道如何处理这些感受时,问题就来了。它们已经发生了,但我们应该怎么处理它们呢?

这些强烈的感受不是有形的——它们看不见摸不着,对吗?这太让人感到挫败了。

有些时候，我们可能会体验到一些比较难受的生理感觉。举例来说，我们可能会感到筋疲力尽、易于激动或者摇摆不定。当我们独自一人进行体育锻炼以帮助自己感觉"刚刚好"并重新回到可以自控的状态时，我们却经常会发现这种做法是远远不够的。

我的学生们，我的朋友们，请你们问自己下面这个问题：你们会不会先想一想自己的感受是怎样的，然后再进行体育锻炼呢？

这就是脑体连接应该发挥作用的地方。将我们的体育锻炼和情绪感受联系在一起，以便最有效地让自己感到平静并让我们的那束光发出光亮，这非常重要。这使我们能够对我们的身体、我们的思想以及我们当时所处的状态有最清醒的认识。

我们将在接下来的章节中学习更多与此相关的内容。

第四章

四类感受："刚刚好""缓慢而疲倦""快速而情绪化""快速而摇摆不定"

分门别类地思考我们的感受是非常重要的。我们应该考虑自己需要重新控制的是自己的身体、自己的想法还是自己的内心,然后我们才能选择那些刚好能够帮助我们保持冷静和自控的策略或工具,让我们的生活充满光明和幸福。想要做到这些可不那么容易,特别是当我们处于强烈的身体或情绪反应之中时。学习如何在濒临情绪崩溃点之前给我们的感受做标记并使用相应的策略或工具是非常重要的事情。它可以让我们尽可能地避免情绪崩溃!

刚刚好

当我们身体冰凉的时候,皮肤上会自动冒出鸡皮疙瘩来帮助我们维持身体的自然温度。我们发现,人类的情绪系统和生理系统也有类似的现象。当我们感受到的生理或情绪感觉是如此强烈,以至于将会阻止我们去完成自己想要或需要做的事情时,我们就没有处于"刚刚好"的状态,而我们的身体就会努力让我们回到那个"刚刚好"的状态(正如下文所描述的那样)。

属于"刚刚好"这一类别的感觉有:

- 感觉自己是镇定的
- 感觉自己可以周到细致地考虑事情
- 感觉自己是平和的
- 感觉自己能关心他人
- 感觉自己可以集中注意力
- 感觉自己可以深入思考
- 感觉自己是快乐的

缓慢而疲倦

当我们"缓慢而疲倦"时,意味着我们已经筋疲力尽了,以至于我们无法完成任务,无法参与我们想要参与或需要参与的活动。我们可能会感到眼皮沉重想要闭上眼睛;还可能会感到四肢沉重,很难坐起来;同时,我们也可能无法集中注意力。我们可能会表现出烦躁,或者很容易发怒的样子。因为我们太困了,所以平常只需要很短的时间就能完成的活动,现在可能需要更多的时间才能完成。

我的朋友们,请你们问自己这个问题并诚实地回答:你的睡眠充足吗?你几点上床睡觉?如果你在睡觉方面有困难,那么本书后面介绍的"深呼吸"练习对你来说是个不错的方法,你可以试试在每次上床之后做一做。

快速而情绪化

当我们"快速而情绪化"时,意味着在我们的内心和头脑中正经历着非常强烈的情绪感受,以至于我们无法完成任务,无法参与我们想要参与或需要参与的活动。

以下是属于"快速而情绪化"这一类别的感觉。不过,除了这些例子以外,还有很多其他的感觉也是属于此类。

- 沮丧的感觉
- 害怕的感觉
- 生气的感觉
- 嫉妒的感觉

- 担心的感觉
- 悲伤的感觉
- 狂躁的感觉
- 被压垮了的感觉
- 过度兴奋的感觉

快速而摇摆不定

当我们"快速而摇摆不定"时,意味着我们的身体正经历着非常强烈的生理感受,以至于我们无法完成任务,无法参与我们想要参与或需要参与的活动。

以下是属于"快速而摇摆不定"这一类别的感觉。不过,除了这些例子以外,还有很多其他的感觉也是属于此类。

- 不顾一切想要从座位上跳开的感觉
- 感觉不到我们的身体在哪里
- 听到的东西太多
- 看到的东西太多
- 感觉好像我们就要从自己的皮肤里跳出去了似的

你能理解这些感受吗?我能。我曾在不同的时间地点经历过所有这些感受。等等,劳伦,你刚才说什么?哦,她说她也有过这些感受。她想让你们知道这一点。

在下一章中,我们将学习一些特定的步骤,好让你们获得"刚刚好"的感觉。在"刚刚好"的状态中,你会感觉自己可以控制自己的情绪、身体和内心。你的光会在那里美丽而柔和地发出光亮。

好了,让我们继续前进吧。

第五章
让抽象的感觉变得具体

这真拗口,是不是?当我们在谈论感受的时候,我认为非常重要的一件事情是,我们要暂停下来,真正理解该如何分析我们的感受。我们既要探究"缓慢而疲倦""快速而情绪化"以及"快速而摇摆不定"的感觉一般是指什么,也要明白这几个名词对我们每个人来说都有着不同的个性化的版本。就像我最喜欢的歌曲可能与你最喜欢的歌曲不同一样,我的"快速而情绪化"的版本肯定也会和你的"快速而情绪化"的版本有所不同。

为了让我们的感觉不那么抽象,或者说,让我们的感觉更真实、更具体或更容易被理解,我们需要完成下面这两件事:

1. 想象并了解我们感受到的感觉是发生在身体的哪个部位。

2. 观察或想象我们的感觉是什么样的。我们可以通过不同的颜色去描绘自己的感受。

让我们开始吧。

缓慢而疲倦

★ 闭上你的眼睛。

★ 你通常会在身体中的哪些部位感受到这类"缓慢和疲倦"的感觉?你是否总是在同一个地方感受到它们,比如,在你双眼的后面?或者,你总是在两个地方感受到它们,比如在大脑里和后背上?再或者,你总是浑身上下全都会有这类感觉?花些时间好好想想你通常会在身体的哪些部位产生这类"缓慢而疲倦"的感觉。

★ 继续闭着眼睛。专注于体会这类感觉的颜色或颜色组合。它们是红色的吗?或者,是蓝色与紫色的混合色吗?花些时间想象一下这些"缓慢而疲倦"的感觉是什么颜色的。

★ 好极了。现在你有了一个能够被看见的、能够被处理的感觉,是不是?把这个视觉效果保留在自己的脑海里。现在,你有两个选择:

- 把这些"缓慢而疲倦"的感觉从身体中的任何部位"抓"出来握在手中,在脑海中清晰地描绘它们的颜色。用力去挤去压它们，直到它们消失或者至少不会再妨碍你继续过好接下来的一天为止。

● 想象自己将这些"缓慢而疲倦"的感觉从身体的任何地方"抓"了出来，在脑海中清晰地描绘它们的颜色。用想象力去挤压它们，直到它们消失或者至少在接下来的一天中能被你管住为止。

我们将在第八章探讨什么是"随时随地让身体休息一下"，以及它为什么能对我们有如此多的好处。然后，我们将在第九章中学习"随时随地让身体休息一下"的实际操作办法。

快速而情绪化

★ 闭上你的眼睛。

★ 你通常会在身体中的哪些部位感受到这类"快速而情绪化"的感觉呢？你是否总是在同一个地方感觉到它们，比如，你的胃？或者，你总是在两个地方感觉到它们，比如在头部和脖子那里？再或者，你总是浑身上下全都会有这类感觉？花些时间好好想想你通常会在身体的哪些部位产生这类"快速而情绪化"的感觉。

★ 继续闭着眼睛。专注于体会这类感觉的颜色或颜色组合。它们是绿色的吗？或者，是橙色与黄色的混合色吗？花些时间想象一下这些"快速而情绪化"的感觉是什么颜色的。

★ 好极了。现在你有了一个能够被看见的、能够被处理的感觉。你可以这样做：

- 把这些"快速而情绪化"的感觉从身体中的任何部位"抓"出来握在手中，在脑海中清晰地描绘它们的颜色。用力去挤压它们，直到它们消失或者至少不会再妨碍你继续过好接下来的一天为止。

- 想象自己将这些"快速而情绪化"的感觉从身体的任何地方"抓"了出来，在脑海中清晰地描绘出它们的颜色。用想象力去挤压它们，直到它们消失或者至少在接下来的一天中能被你管住为止。

快速而摇摆不定

★ 闭上你的眼睛。

★ 你通常会在身体中的哪些部位感受到这类"快速而摇摆不定"的感觉？你是否总是在同一个地方感觉到它们，比如，你的大脑里？或者，你总是在两个地方感觉到它们，比如你的手臂和双腿？再或者，你总是浑身上下全都会有这类感觉？花些时间好好想想你通常会在身体的哪些部位产生这类"快速而摇摆不定"的感觉。

★ 继续闭着眼睛。专注于体会这类感觉的颜色或颜色组合。它们是红色的吗？或者，是棕色与金色的混合色吗？花些时间想象一下这些"快速而摇摆不定"的感觉是什么颜色的。

★ 好极了。现在你有了一个能够被看见的、能够被处理的感觉。你可以这样做：

- 把这些"快速而摇摆不定"的感觉从身体中的任何部位"抓"出来握在手中,在脑海中清晰地描绘它们的颜色。用力去挤压它们,直到它们消失或者至少不会再妨碍你继续过好接下来的一天为止。

- 想象自己将这些"快速而摇摆不定"的感觉从身体的任何地方"抓"了出来,在脑海中清晰地描绘出它们的颜色。用你的想象力去挤压它们,直到它们消失或者至少在接下来的一天中能被你管住为止。

在下一章中,我们将学习理解和控制感受的第一步:一份简单但非常重要的清单,通过日常有规律地练习这份清单上的动作,你的能力将获得真正的提高,你将可以对自己的想法和情绪有更好的感知,也能更好地去做那些日常生活中你需要做和你想要做的事情。听起来是不是很有趣?它被称为 "刚刚好"自查表。我知道,这个名字听起来既不炫酷也不令人兴奋,但是,我保证,它是游戏规则的改变者。

第六章
能获得"刚刚好"感觉的特殊步骤

我经常在全球各地旅行,去与孩子、青少年和成年人会面。我发现(并且被他们告知),用实体的图形化的步骤列表来获得控制感和让自己感到平静是很有帮助的,你同意吗?下面让我们看看我在过去几年中编写的自查表。这份自查表可以从本书的"附录一"那里找到。

"刚刚好"自查表

1. 呼吸感觉检查。将一只手掌平放在你的心脏部位,另一只手掌平放在你的腹部。关注自己的呼吸,关注自己是怎样吸气和呼气的:你的呼吸是均匀的吗?你呼吸得太快了或太慢了吗?感受手掌下自己的心跳:你的心跳是均匀的吗?或是跳得很快像在和谁赛跑似的?如果你的呼吸和心跳都太快了,那么请强迫自己缓慢而均匀地呼吸(请参阅第九章中关于"吹泡泡呼吸法"的详细说明)。你可以随时用这项策略来检查并了解自己的身体是如何对感觉做出反应的。当你感到"缓慢而疲倦""快速而情绪化"或"快速而摇摆不定"时,你也可以用这项策略来平复自己的呼吸和心率。

2. 标记你的感觉。现在你已经放慢了呼吸,让足够的氧气进入了你的大脑并给了自己足够的时间来思考。你现在的感觉是怎么样的?先想一下你的感受属于哪一类。想象一下你的感受是发生在你身体的哪个部位以及这种感受是什么颜色的。然后,再进一步想想你的感受是什么(即你是否感到沮丧、悲伤,等等)。

3. 选择一种策略。想着你的感受,把你的感受握在手中,就好像它是某种物品那样。现在,无论你选择哪种策略(我们将在接下来的章节中更详细地介绍这些策略),利用身体的、有形的练习或使用工具来夺取那种感受的能量并让它消失掉。这一步与"将大脑与身体连接到一起"的想法有直接的关系。

你的感受是什么:_____

你要使用的策略是什么:_____

这份自查表是否让平静下来的过程变得更清晰了？当我们深入研究特定的练习和工具时，我们将再次回顾这份自查表。我要为你的努力喝彩，为你想要成为自己能成为的最好的人的愿望喝彩。

在下一章中，我们将学习如何把这本书当作一本手册，为你们（我的学生们）提供快速的、易用的指南，让你们可以管理自己的这些感受，让你们美丽的光平静而快乐地闪耀。

第七章
怎样使用这本书？

亲爱的同学们，写到这里，我，作为你们的老师和冷静大师，开始变得兴奋起来。因为此处是这本书的转折点。从这部分开始，你们就要学习怎样才能控制自己的感觉了。

每一类感觉都由一个符号来表示。

	这个符号代表"缓慢而疲倦"的类别，以及在此分类下的各种感觉。因此，当你们在下文任何练习或任何工具的旁边看到这个符号时，你们就可以马上明白，这些策略会在你们有这类感觉的时候为你们提供帮助。

（续）

	这个符号代表"快速而情绪化"的类别，以及在此分类下的各种感觉。因此，当你们在下文任何练习或任何工具的旁边看到这个符号时，你们就可以马上明白，这些策略会在你们有这类感觉的时候为你们提供帮助。
	这个符号代表"快速而摇摆不定"的类别，以及在此分类下的各种感觉。因此，当你们在下文任何练习或任何工具的旁边看到这个符号时，你们就可以马上明白，这些策略会在你们有这类感觉的时候为你们提供帮助。

认识这些符号是非常重要的。有了这些符号的辅助，这本书才能真正成为你们的常用手册。我亲爱的同学们，当你们在某项策略或工具的旁边看到这些符号之一时，那就意味着那项策略或工具可以对那类感觉有所帮助。明白了吗？

在下一章中,我们将探讨一种叫"随时随地让身体休息一下"的方法,即你们在任何地方都可以进行的、用来帮助你们保持冷静、满足和"刚刚好"的练习。

我们将学习这些练习是怎样产生效果的,以及它们之所以有效背后的科学原理,因为你们勤奋好学的大脑想知道这些,是不是?另外,只有我们理解了它们是如何工作的时候,我们才能常常去使用它们进行练习,是不是?

第八章

随时随地让身体休息一下：科学原理

什么是"随时随地让身体休息一下"？

"随时随地让身体休息一下"是一种你们可以使用自己的身体进行的小动作练习。我将其称为"小动作"的原因是因为你们在日常坐着或站着的时候都可以进行这些练习，而且不需要改变整个身体的姿势。它们的效果非常好，而且，特别好的是，在练习它们的时候不会干扰到你们正在做的事情，你们既不需要什么额外的工具（别担心，我们稍后会说到工具的），也不需要让身体做大动作的练习（我们稍后也会说到大动作练习）。有一个重要的概念需要说明一下——思维模式

成熟的学生们
只秉持恰当的思维模式

回想一下我们实现"刚刚好"的过程。有一个特定的流程需要我们按顺序去做,还记得吗?我们要先做呼吸感觉检查,然后标记自己的感觉,最后将感觉与策略联系起来。当我们去做"随时随地让身体休息一下"的小动作练习时,保持正确的思维模式是很重要的,否则那个练习就不会有效了。我们必须认真对待我们的策略,因为我们是成熟的学生和寻求自我控制的个体,对吗?

它为什么有效?

我见多识广的朋友们,我丝毫不会为自己有些学究气而感到不好意思。了解我们所学内容背后的科学原理只会有助于激励我们,也会让我们能够作为老师参与进来,不是吗?"随时随地让身体休息一下"这项策略能使我们的身体恢复正常,其中一个原因是它会作用于我们大脑中的神经系统。

当我们体验到一种强烈的生理或情绪上的感受时,我们的身体就会进入所谓的"或战或逃"模式。这是由我们的交感神经系统完成的。它是让我们摆脱危险的自动反应。这种自动反应可以追溯到很久很久以前。那时,我们人类住在山洞里,每天都有真实的危险遭遇,需要有快速的战斗或逃跑的反应。如果剑齿虎突然出现在你的洞穴前,你会怎么做呢?你需要提前做好准备,是吗?你的眼睛会放大以便看得更清楚,你可能会开始冒汗,准备好随时奔跑,你的消化功能可能会减缓,你的头部可能会调集更多血液以便快速思考。

这些身体症状是否听起来很熟悉?尽管我们的家没有剑齿虎来访(我希望没有),但我们还是可能会对生活中发生的威胁较小的事件有类似的反应。那是我们的交感神经系统在试图保护我们。

你可能会问,那接下来该怎么做呢?我们要激活副交感神经系统！那是必须的。因为它负责对抗交感神经系统的影响。

你猜怎么着？我们将要提到的很多"随时随地让身体休息一下"的练习，都是用不同的身体运动去激活副交感神经系统。副交感神经系统是我们的"救星"！

以下的示例是"随时随地让身体休息一下"这一策略中能够激活副交感神经系统一些动作。

★ 深呼吸（用力呼气）。深呼吸是能够让我们的身体摆脱"或战或逃"的状态、回归到"刚刚好"而且平静状态的最快的方法之一。我们将学习一种特定类型的深呼吸，呼气比吸气用的时间长，这种方法能让我们更容易、更有效地回到"刚刚好"的状态。

★ 需要抵抗阻力的本体感觉输入和运动。当我们向身体的不同关节施加深度压力时，我们就获得了本体感觉输入。本体感觉输入为我们的身体提供了它在空间中的位置信息。当你感受到强烈的负面感受时（无论是身体上的还是情绪上的），你是否觉得自己无依无靠，想要被紧紧拥抱（无论是被亲人拥抱、被自己拥抱，或是被一大堆毯子拥抱）？我们有大量的练习，可以帮助你感觉被拥抱和有所依靠。

★ 前庭输入。当你将头部垂到你心脏的下方，或者朝一个方向转动时，你的身体就会收到前庭输入。这种做法会让你非常容易冷静下来。

★ 跨越中线。你的大脑由左半球和右半球两部分组成。它们负责不同的职能。有时它们无法进行很好的沟通，尤其是当你处于"或战或逃"的状态时。当身体一侧的一部分（例如手臂）被移动到身体的另一侧时，左右两个半球就会重新开始沟通，并让你进入到"刚刚好"的状态。我们将要介绍的许多练习都有跨越中线的元素。

好的，我的朋友们。既然我们掌握了"随时随地让身体休息一下"这一策略的内容和原理，那我们就可以准备学习具体的练习了。让我们开始吧。

第九章

随时随地让身体休息一下：动作练习

吹泡泡呼吸法

无论你是感觉"缓慢而疲倦""快速而情绪化"还是"快速而摇摆不定"，这都是一个很好的策略。它可以为大脑提供更多的氧气，还可以帮助你更好地思考并

做出更明智的选择。这种呼吸法呼气的时间比吸气的时间要长。在做接下来的"呼吸感觉检查"练习时,你可以尝试使用这种方式呼吸。这也是一个可以在临睡前做的很好的练习。

动作要领:

★ 用鼻子慢慢吸气 4 秒钟,保持住,用嘴慢慢呼气并控制呼气 6 秒钟。

★ 另一种方法:用鼻子慢慢吸气 5 秒钟,保持住,用嘴慢慢呼气并控制呼气 7 秒钟。

★ 根据需要进行重复。评估一下每次呼吸时自己的感觉如何。

呼吸感觉检查

这项策略的目的是帮助你识别、标记你的感受,但它也可以用来帮助你平复呼吸和心跳,尤其是当你处于

"快速而情绪化"或"快速而摇摆不定"时。

动作要领:

★ 闭上双眼。

★ 将一只手平放在心脏的部位,另一只手平放在腹部。

★ 呼气和吸气时留意自己腹部的起伏:你的呼吸是均匀的吗?或者,你呼吸得太快了/太慢了?

★ 感觉手掌下的心跳:心跳是匀速的吗?或者像是在赛跑?

★ 如果你的呼吸和心跳太快了,就强迫自己做缓慢而匀速的呼吸。

★ 现在你已经减慢了呼吸,你让足够多的氧气进入了你的大脑,你也给了自己足够的时间去思考。你现在感觉如何?先想一下你的感受属于哪一类(快速而情绪化、快速而摇摆不定)。想象一下你的感受发生在你身体的哪个部位,以及这种感受是什么颜色的。然后,再进一步想想你的感受是什么(即你是否感到沮丧、悲伤,等等),给自己的感受加上标签。

腿部深压按摩

腿部深压按摩可以通过为你提供本体感觉输入和前庭输入来帮助你感受自己双腿的位置。无论你是感觉"快速而情绪化"还是"快速而摇摆不定",它都可以帮助你平静下来。如果你感到"缓慢而疲倦",它也可以唤醒你。

动作要领：

★ 给你的感受打上标签。把那种感受和"腿部深压按摩"练习联系起来。

★ 把你的感受放入手掌心里。

★ 弯腰向下，用双手握住脚踝或者大腿上部。

★ 从脚踝向上或从大腿向下摩擦，慢慢做，用力做。

★ 重复3~5次，直到那种感受消失为止。

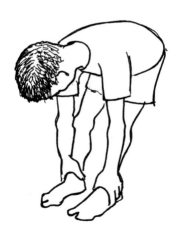

找到你的光

当你感到快乐、平静、满足、冷静、专注和"刚刚好"的时候,你的光会发出明亮的光芒。有的时候,你需要一些黑暗时刻(或者困难的想法或感受)才能将那束光带到身体的表面来,使它发出最耀眼的光亮。当你感觉"快速而情绪化"时,这将是一个不错的练习。

动作要领:

★ 给你的感受打上标签。将感受与"寻找你的光"的练习联系起来。

★ 将那种感受放在手掌之中。

★ 闭上眼睛片刻。

★ 把手放在心脏部位。感觉心脏在你的手下有节奏地舒张和收缩。你感觉到它熟悉的跳动了吗?

★ 想象一束温暖的光从你的心中散发出来,穿过了你的指尖。

- ★ 这束光是什么颜色的？什么颜色最能代表你是谁？别着急，花点时间想想。它会来找你的。

- ★ 你的光代表了你所有的希望、积极的感受和美好的想法。

- ★ 当你让这束温暖的光穿过你的手时，让它的明亮同时抹去你的那种感受。

手部按摩

手部按摩可以通过为你提供本体感觉输入来帮助你感觉自己的双手在哪里。无论你是感觉"快速而情绪化"还是"快速而摇摆不定",本体感觉输入都有助于你平静下来。如果你感到"缓慢而疲倦",本体感觉输入也可以唤醒你。

动作要领:

★ 给你的感受打上标签。将感受带入"手部按摩"的练习中。

★ 将感受放在你的拇指下面。用这只手的拇指沿着另一只手的手掌边缘用力摩擦 5~10 次。

★ 换另一只手,重复上面的动作,直到那种感觉消失。

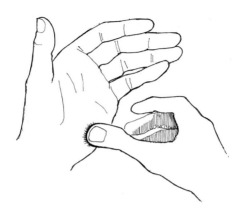

手腕交叉

手腕交叉可以通过为你提供本体感觉输入来帮助你感受自己手腕和手的位置,同时这个动作还可以跨越中线(这对于集中注意力和稳定情绪非常有用)。无论你是感觉"快速而情绪化"还是"快速而摇摆不定",这个练习都很棒。如果你感到"缓慢而疲倦",这个练习也可以将你唤醒。

动作要领:

★ 给你的感受打上标签。将那种感受带入"手腕交叉"的练习中。

★ 将两个手腕交叉在一起,一只手的手腕内侧压在另一只手的手腕背面。将你的感受放在两个手腕之间。

★ 将两只手的手腕紧紧地压在一起,并保持这个姿势至少 5~10 秒钟。继续压迫放在你手腕之间的那种感受,直到它消失为止。

双腿交叉

双腿交叉可以通过为你提供本体感觉输入来帮助你感觉你的腿在哪里。这个动作同时也会跨越中线（这对集中注意力和平静心情很有帮助）。无论你是"快速而情绪化"还是"快速而摇摆不定"，这个练习都很棒。如果你感到"缓慢而疲倦"，它也可以将你唤醒。

动作要领：

★ 给你的感受打上标签。将那种感受带入"双腿交叉"的练习中。

★ 将双腿交叉在一起，一条腿搭在另一条腿的上面。把你的那种感受放到两条腿中间。

★ 两条腿用力压在一起，

并保持这个姿势至少 5~10 秒钟。继续挤压那种感受，直到它消失为止。

自我肯定

这是一种需要大量脑力和体力以及持续练习的策略。我一直致力于在日常生活中使用这种做法。如果你坚持不懈（就像其他任何事情一样），使用积极的语言做自我肯定将成为你的一种习惯。例如，你可以对自己说："不管任何人说什么或做什么，我就是一个了不起的人。"这种积极的自我肯定可以替换掉消极的想法。

其他一些自我肯定的句子可以是这样的：

"杯子是半满的（相对于'杯子是半空的'）。"
"我无法改变他人，但我能改变我自己。"
"我能让我所在的那部分世界变得更美好。"
"我很自信。"
"我知道自己是一个好学的人。"
"我可以做任何我想要做的事情。"

"我无所畏惧。"
"我有自制力。"
"我爱我自己。"
"我很专注。"
"我是我生活社区的重要成员。"

你可以自己编写一些自我肯定的句子，也可以想想从亲人那里听到的那些引起你共鸣的励志名言。每天重

复对自己说那些句子,即使在你感到快乐的时候也可以重复说。

当你感觉"快速而情绪化"甚至"快速而摇摆不定"时,这种策略尤其有效。

动作要领:

★ 给你的感受打上标签。将这种感受带入"自我肯定"的练习中。

★ 上面哪些句子能打动你?你还有其他更喜欢的句子吗?现在,选择其中的一个或几个句子大声地读出来,或者无声地读出来,也可以自己对自己说出来。

★ 回想哪个时间点或哪件事情可以为你验证这些自我肯定。例如,你可以回想到自己昂着头走进一个满是陌生人的房间,自信地介绍了自己,虽然这么做需要很大的勇气。这件事对你来说很不容易,但你最终做到了。这就是当你说"我很自信"时联想到的具体情况。

★ 当你说出自我肯定的话语时,要感觉这些话冲刷着你,洗净了你之前的负面情绪。

★ 在一天中选择一个时间段,每天定时定点说出一个或几个积极的自我肯定的句子,让这件事成为你日常生活的一部分。这将有助于你养成习惯。

★ 一旦养成了这种习惯,它就可以帮助你用积极的自我对话和具体的、肯定的想法来取代你的那些消极的想法。

★ 另一种做法是:复印"附录三"中的卡片,塑封并剪成卡片大小。反复查看那张列表,想想它们对你意味着什么。你所爱的人或值得信赖的老师或治疗师对你说过什么其他的肯定的话吗?如果有的话,你可以在空白处添加上那些话。

你也可以再多制作一张卡片,并将其放在卧室、工作区或休闲区(如果有的话)中容易被看见的位置。

渐进式肌肉放松

这是一项可以帮你收紧和放松身体不同关节和肌肉群的练习。它可以为你提供本体感觉输入,从而让你明白自己的身体在空间中的位置。当你感觉"快速而情绪化"时,这项练习会非常有效,因为它是一个"超级无敌"的压力克星。

动作要领:

★ 给你的感受打上标签。将那种感受带入"渐进式肌肉放松"的练习中。

★ 先把那种感受放到肩膀上。收紧肩膀。保持这个姿势5秒钟,然

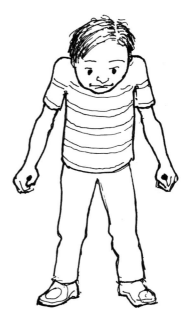

后放松。

★ 对手腕、手指、膝盖、脚踝和脚趾做同样的操作。现在，那种感受应该已经消失了。

双手相握

双手相握是一种跨越中线和提供本体感觉输入的练习。当你感觉"缓慢而疲倦""快速而情绪化""快速而摇摆不定"时，都可以做这个练习，它的效果非常不错。

动作要领：

★ 给你的感受打上标签。将那种感受带入"双手相握"的练习中。

★ 将手掌放在一起。

★ 交叉拇指。

★ 用力按并挤压那种感觉。将自己的双手紧紧地握在一起，直到那种感受消失掉为止。

★ 根据需要重复做上面的动作。

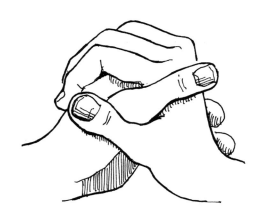

耳部按摩

向耳垂提供深度压力会为你的身体提供本体感觉输入，同时也会增加流向大脑的血流量。如果你感到"缓慢而疲倦"或"快速而情绪化"，可以试试这个练习，它的效果非常好。

动作要领：

★ 给你的感受打上标签。将你的感受与这个"耳部按摩"练习联系到一起。

★ 找到你的感受并把它放到双手的大拇指和食指中间。

★ 从两只耳朵的顶部开始,轻轻向外拉耳朵并向下朝着耳垂方向揉搓(如果你戴着耳环,要绕着它们揉搓耳垂)。

★ 当你慢慢向下揉搓双耳时,想象你的那种感受正在逐渐消失。

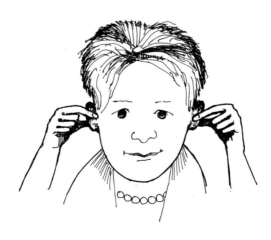

感觉自己的身体在哪里

当我们感受到强烈的"快速而情绪化"或"快速而摇摆不定"的感觉,并开始进入到"或战或逃"的状态时,要感觉到我们身体的不同部位是很难的。正确地做这个练习会让人平静下来,因为它通过本体感觉输入让我们身体的每个关节都知道自己在哪里。这个练习也可以使我们的神经系统得到放松。

动作要领：

★ 给你的感受打上标签。将你的感受与这个"感觉自己的身体在哪里"的练习联系起来。

★ 将你的感受放到双手的手掌里。

★ 双手交叉搭在对侧的肩膀上，轻轻地挤压，默默地对自己说："这是我的肩膀。"

★ 双手向下移动到肘部。双手交叉搭在肘部，轻轻地挤压。默默地对自己说："这是我的手肘。"

★ 双手向下移动到手腕。双手交叉搭在手腕上，轻轻地挤压。默默地对自己说："这是我的手腕。"

★ 左手向下移动到右手。找到每个手指并用左手轻轻挤压。默默地对自己说："这是我的小拇指，这是我的无名指，这是我的中指，这是我的食指，这是我的大拇指。"

★ 右手向下移动到左手。找到每个手指并用右手轻轻挤压。默默地对自己说："这是我的小拇指，这是我的无名指，这是我的中指，这是我的食指，这是我的大拇指。"

★ 双手向下移动到胯部。双手交叉搭在胯部上方，轻轻地挤压。默默地对自己说："这是我的胯部。"

★ 双手向下移动到膝盖。双手交叉搭在膝盖上，轻轻地挤压。默默地对自己说："这是我的膝盖"。

★ 双手向下移动到脚踝。双手交叉搭在脚踝上，轻轻地挤压。默默地对自己说："这是我的脚踝"。

★ 双手向下移动到双脚。双手交叉搭在双脚上，轻轻地挤压。默默地对自己说："这是我的双脚。"

★ 另外一种做法：站直，背部挺拔。深吸一口气，弯下腰，用双手挤压脚踝，同时呼气。对身体的每个部位做同样的动作并且说出该部位的名字。比如挤压脚踝后向上移动双手，挤压膝盖，吸气、呼气，然后说"膝盖"。再向上移动到胯部，用力挤压胯部，吸气、呼气，说"胯部"。最后，向上移动到肩膀，挤压肩膀，吸气、呼气，说"肩膀"。

拍打双臂

如果你感到"缓慢而疲倦"的话,这个练习会非常有帮助。它通过轻轻拍打你的身体,让身体知道它在空间中的位置。由于我们做这个练习时会交叉双臂,也就是跨越了中线,所以这也是一个让人警醒的练习。做这个练习时请好好地控制身体的动作,不要过于用力地敲打。

动作要领：

★ 标记你的感受。将你的感觉与这个"拍打双臂"的练习联系起来。

★ 将你的感受放在双手的手掌下。

★ 交叉双臂，将每只手掌放在对侧的肩膀上。

★ 沿着每条手臂向下移动，用力（但不要太用力）拍打你的感受，直到它们消失为止。

用手掌捂住眼睛

这个练习是一种很好的放松方式，它让你给自己一些时间并阻止你看到的一切，尤其是当你感到仿佛被压垮了而不知所措时（身体或情绪上）。如果你感觉"快速而情绪化"或"快速而摇摆不定"的话，这将是一个很好的办法。

动作要领:

★ 标记你的感受。将你的感觉与这个"用手掌捂住眼睛"的练习联系起来。

★ 将你的感受放在两个手掌之间。把它们合到一起轻轻地揉搓,直到它们变得温暖起来为止。

★ 将温暖的手掌轻轻放在眼睛上,慢慢地吸气和呼气,让黑暗笼罩住你的身体,感受双手的温暖覆盖在眼睛上,让你的那种感受慢慢消失。

敲打双腿

如果你感到"缓慢而疲倦"的话,这个练习会非常有帮助。它通过轻轻敲打你的身体,让身体知道它在空间中的位置。由于我们做这个练习时会交叉双臂,也就是跨越了中线,所以这也是一个让人警醒的练习。做这个练习时请好好地控制身体的动作,不要过于用力地敲打。

动作要领:

★ 标记你的感受。将你的感受与这个"敲打双腿"的练习联系起来。

★ 将你的感受放在双手的手掌下。

★ 交叉双臂,将每只手掌放在

对侧的大腿上部靠近臀部的位置。

★ 沿着每条腿向下用力(但不要太用力)敲打你的感受,直到它们消失为止。

头部倒置

头部倒置为你提供了能使你平静下来的前庭输入。当你感觉到自己"或战或逃"的"警钟"响了起来,你就可以马上试试这个超级简单的头部倒置的动作。这个动作就像给自己打了一剂前庭输入针,非常直接、简单、有效。当你感觉"快速而情绪化"时,这将会是一个非常好的练习。

重要提示:请提前咨询医生或父母/监护人你是否可以做这个动作,是否有任何医学的原因让你不能这样做(与血流有关)。

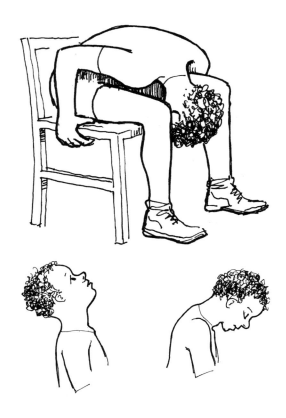

动作要领：

★ 标记你的感受。将你的感受与这个"头部倒置"的练习联系起来。

- ★ 在脑海中想象你的感受是可以被看见的。
- ★ 当你低下头的时候，想象你的感受也随之离开你的身体，消失了。

其他能给自己提供前庭输入的方法还有：

- ★ 伸手从地板上拿东西。
- ★ 向前低头，然后向后仰头。
- ★ 以脖子为轴旋转头部。
- ★ 将头放在膝盖之间。

正念

正念是一种可以融入你日常生活的很好的练习，它可以帮助你，让你的光保持明亮，让你感到快乐和可以自我控制。这是一项非常简单的练习，你只需要花些时间让自己停下来，转向自己的内心，将周围不断运转的世界隔离在外并专注于你自己的感受就可以了。有很多方法可以做这个练习。如果你感觉"快速而情绪化"或"快速而摇摆不定"的话,这将会是一个很好的策略。你可以按照下面这些简单的步骤去练习。

动作要领:

★ 标记你的感受。将你的感受与这个"正念"练习联系起来。

★ 设定计时器,从一分钟开始。一只手放在心脏的部位,另一只手放在腹部。

★ 告诉自己下面这些话:"在这一分钟里,我将只专注于自己的呼吸,留意自己是怎样吸气的,留意自己是怎样呼气的。如果我产生了任何想法,我能够意识到,我会让它飘走,然后还是专注在我自己的呼吸上。"

★ 一旦你可以成功地关注自己的呼吸一分钟,就慢慢地一次一次增加时间(比如,每次增加15~30秒)。

第十章
工具：使用你们大多数人已经有的东西

同学们，你们已经学到了很多东西。我想，虽然有时需要用到你们学习过的"随时随地让身体休息一下"的知识，但是你们应该可以愉快而成功地度过很多日子了。工具也是很重要的，它们在我们的日常生活中占有一席之地。如果你环顾四周，我想你会发现很多人已经在使用工具但却没有意识到自己在使用工具。

如果我们能了解日常物品的用途以及它们是如何帮助我们的，我们就能更有效地使用它们。你觉得是不是这样呢？

让我们非常简要地讨论一下我们对工具的定义是什么。

工具是一种物理的、有形的物体，它可以帮助使用者变得有条理、平静、重新集中精神和关注自己的身体。和"随时随地让身体休息一下"的策略一样，将身体和精神连接到一起是很重要的，所以使用工具也要先通过相同的清单对自己的呼吸和感受进行检查。

"刚刚好"自查表

1. 呼吸感觉检查。将一只手掌平放在你的心脏部位，另一只手掌平放在你的腹部。关注自己的呼吸，关注自己是怎样吸气和呼气的：你的呼吸是均匀的吗？你呼吸得太快了或太慢了吗？感受手掌下自己的心跳：你的心跳是均匀的吗？或是跳得很快像在和谁赛跑似的？如果你的呼吸和心跳都太快了，那么请强迫自己缓慢而均匀地呼吸（请参阅第九章中关于"吹泡泡呼吸法"的详细说明）。你可以随时用这项策略来检查并了解自己的身体是如何对感觉做出反应的。当你感到"缓慢而疲倦""快速而情绪化"或"快速而摇摆不定"时，你也可以用这项策略来平复自己的呼吸和心率。

2. 标记你的感觉。现在你已经放慢了呼吸，让足够的氧气进入了你的大脑并给了自己足够的时间来思考。你现在的感觉是怎么样的？先想一下你的感受属于哪一类。想象一下你的感受是发生在你身体的哪个部位以及这种感受是什么颜色的。然后，再进一步想想你的感受是什么（即你是否感到沮丧、悲伤，等等）。

3. 选择一种策略。想着你的感受，把你的感受握在手中，就好像它是某种物品那样。现在，无论你选择哪种策略，利用身体的、有形的练习或使用工具来夺取那种感受的能量并让它消失掉。这一步与"将大脑与身体连接到一起"的想法有直接的关系。

你的感受是什么：＿＿＿＿＿＿＿＿＿＿＿＿＿＿＿＿

你要使用的策略是什么：＿＿＿＿＿＿＿＿＿＿＿＿＿＿

好了，我相信很多人已经准备好开始了。你准备好了吗？

MP3 播放器

选择那些能让自己放松、提高创造力或注意力的双耳节拍音乐上传到你的 MP3 播放器里。当你感到"缓慢而疲倦"时,可以使用具有较高频率的曲目,这类音乐能提高你的注意力。当你感觉"快速而情绪化"或"快速而摇摆不定"时,可以使用能让你放松的频率较低的曲目。

双耳节拍音乐是将频率略有不同的音乐分别呈现给每只耳朵。研究表明,双耳节拍音乐可以提高注意力、创造力,让人整体放松(取决于不同的音调)。你可以直接将双耳节拍音乐上传到你的 MP3 播放器里。

我的十大优点

每个人都有长处,也有他们需要努力的事情。有些日子会让人感觉比其他日子更艰难一些。如果你感觉"快速而情绪化"并且需要增强自信心的话,这将是一个很好的工具。

操作方法：

★ 标记你的感受。将你的感受带入这个"我的十大优点"的工具使用中来。

★ 想出十件事来定义你是谁。慢慢来，别着急。

★ 仔细想想，是什么让你与众不同？是什么让你独一无二且令人惊叹？

★ 写好你的"我的十大优点"卡，把它挂在钥匙圈上。

★ 也可以另外写好一张卡片，然后把它贴在床边、工作区之类的地方。

★ 当你需要提升自信心时，就看看这张卡片！

提示：你可以在"附录二"找到"我的十大优点"卡，复印后剪下来并塑封起来。这样你就可以把它挂到一个合适的钥匙圈上，方便你放到口袋里随身携带了。卡片有上面提到的一些内容，也留有空白的地方供你添加自己的内容。

随手画或写日记

大家好,我是劳伦。我想插进来说一下,因为这是我一直以来最喜欢的策略之一,所以我非常想把这个策略写下来!从我是一个小孩到我后来长大成为一个青少年,我真的没有什么工具或策略来管理自己的情绪(相信我,我是那种应该要拥有这种工具或策略的青少年)。于是,我自己开始琢磨解决办法。我找的一条出路是写作。而现在,几年后的今天,我正在写我的第三本书(是的,就是这本书)。所以,你们中的一些人以后也可能会成为作家或艺术家……好吧,我跑题了。

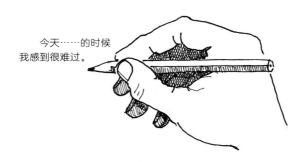

写日记，快速记下一种感受，或者简单地把它画出来，是发泄和摆脱情绪的好方法。这也是一种切实可行的办法，让你可以"关上大门，与世隔绝"。举例来说，当你合上这本书的封面时，你就会获得一种封闭了什么东西的感觉。如果你感觉"快速而情绪化"，这将会是一个很好的工具。

操作方法：

★ 标记你的感受。将你的感受带入这个"随手画或写日记"的工具使用中来。

★ 如果你想使用"附录七"中的卡片，那么你可以把它进行塑封，然后将它挂到你的钥匙圈上。你可以使用那种可以放到你衣服口袋里的、细细的可擦除记号笔。这样，你就有了一个便携式的"随身日记本"了。

★ 如果你使用那些工作表模板，那么在工作表的顶部，你可以选择是否执行下面这些流程：

● 呼吸感觉检查。

- 标记你的感受。
- 将你的感受与你选择的策略联系起来。
- 把它们写出来、画出来、记下来!

瑜伽球

坐在瑜伽球上可以为你提供前庭输入,这有助于使神经系统摆脱"或战或逃"的状态。因此,如果你感觉"快速而情绪化",这也许会是一个很好的工具。如果你感觉"缓慢而疲倦",它也可以帮助唤醒你。

操作方法：

★ 标记你的感受。将你的感受与"瑜伽球"工具的使用联系起来。

★ 坐在瑜伽球上面时要小心。一定要确保自己坐着的时候很小心，否则你可能会失去平衡并跌倒。

★ 其他方法 1：为提高稳定性，请尝试将瑜伽球放入大纸板箱或牛奶箱中。这使它更像一个座位，但仍然允许你向各个方向移动。

★ 其他方法 2：控制住自己的身体，试试俯卧在瑜伽球上。腹部接触瑜伽球的上部，双手手掌平放在地板上，双脚也同时接触地面用来支撑自己。这个姿势会给你提供更多的前庭输入。在做这个练习之前，要确保你有足够的力量和稳定性，而且，刚开始做的时候，要有成年人在旁边督导和许可。

可穿戴的把玩件 / 橡胶钥匙圈手链

在特别长的课程中,我有时会发现自己在摆弄手镯上的橡皮筋。压力球的一个不错的替代品是简单而松散的橡胶钥匙圈手链,卷曲的那种。如果你感觉"缓慢而疲倦",那种带纹理的质地会很有用,如果你感觉"快速而摇摆不定"或"快速而情绪化",那么摆弄这种小物件也是不错的方法,它不会像标准的把玩件那样分散注意力,而且它非常便于携带(看起来就像在手腕上戴了一个手环)。

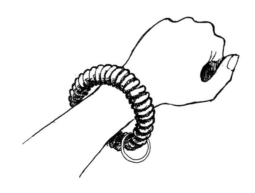

操作方法：

★ 标记你的感受。将你的感受与"可穿戴的把玩件／橡胶钥匙圈手链"工具的使用联系起来。

★ 如果你感觉"缓慢而疲倦"，只需要来回摩擦手镯的纹理表面即可以唤醒你的身体。

★ 如果你感觉"快速而情绪化"，那么以重复的方式来回拉动它可能会有所帮助。想想你的感受随着手链的每一次拉动而消失。

★ 如果你感觉"快速而摇摆不定"，就用点力气拉开或扭转手链（不要弄得太紧，这样你就不会伤害到自己）。你可以尝试触摸这个把玩件而不是其他物品，而且，把你额外的能量通过把玩这个工具释放掉。

转椅

转椅是一种非常棒的工具，其原因有很多。它提供了大量的前庭输入，因此可以使神经系统平静下来。如果你感觉"快速而情绪化"，建议尝试一下。如果你感觉"缓慢而疲倦"，它也可以把你唤醒，因为这种类型的输入可用作警报。重要的是你需要注意这种前庭输入的使用量，因为它的效果可以持续 4~6 小时，并且可能要过一段时间才会出现。不要旋转得太快，这需要用上你的自控力。对于需要它的人来说，坐在转椅上会是一种非常好的选择。

塞满枕头的洗衣篮

使用一个足够大的洗衣篮和几个枕头可以很好地挤压你的整个身体(为你提供本体感觉输入)。在阅读或工作的地方(没有洗衣篮的时候就用硬的木板吧)做这个练习都是不错的选择。根据你身体的大小来决定洗衣篮的尺寸。无论你感觉"缓慢而疲倦""快速而情绪化"还是"快速而摇摆不定",这都会是一个很好的工具。

白炽灯 / 自然光

如果墙上挂着的众多物品让你感到分心，并且你也对房间里的荧光灯感到困扰的话，请让成年人用白炽灯替换它们。白炽灯是一种电灯，它会发出温暖的光芒。比起荧光灯，白炽灯发出的光明显不那么刺眼（因为它的光谱范围更广）。缺乏广谱光照会影响我们的身体机能，例如我们的昼夜节律（想想我们是不是天黑之后会更想睡觉）。如果成年人无法为你用白炽灯替换荧光灯，那么请尝试打开百叶窗并关闭室内的一盏荧光灯。如果你感觉"快速而情绪化"或"快速而摇摆不定"的话，这个策略会对你有所帮助。

膝上垫子 / 小桌子

是否有课程需要你在地板上花费大量时间？对你来说，要在保持专注的同时做笔记并感受身体的位置是否很困难？如果是这种情况，那么你可能会想要尝试使用膝上垫子 / 小桌子。

膝上垫子 / 小桌子有许多不同的形状、尺寸和纹理。例如，有些带有柔软的底部，有些带有加重的底部，有些顶部带有硬板夹子等。

如果你感觉"缓慢而疲倦"或"快速而摇摆不定"，那么这将是一个很好的工具。

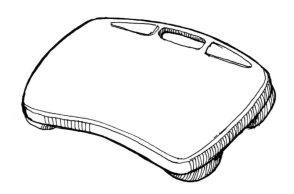

曼陀罗

你知道曼陀罗是一种冥想形式吗?曼陀罗是一种设计完全对称的、用于着色的图案。曼陀罗的难度级别可以从简单到极其复杂。完成曼陀罗所需的专注度是极大的,可以让你从忙碌的一天中抽出时间,完全专注于着色行为。如果你感觉"快速而情绪化"或"快速而摇摆不定",那么这会是一项很棒的活动。

提示:互联网上有许多可免费下载的曼陀罗图案,它们的难度和复杂程度各不相同。在把它们下载打印出来之前,你要确保它们没有受到版权保护。

在日常用品上贴魔术贴

劳伦希望我对你说下面这些话:"作为一个经常感到疲倦的人,我渐渐明白在我每天使用的日常用品上贴上粗糙的圆点魔术贴是一件非常有价值的事情。粗糙的魔术贴表面通过皮肤中的感受器为我提供了触觉(触摸)输入。这真的能帮助我保持清醒!"

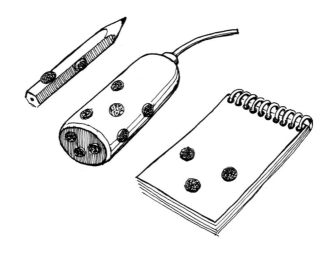

如果你经常感到"缓慢而疲倦",或者喜欢摆弄东西("快速而摇摆不定"),这将是一个很好的工具。你可以把魔术贴粘在下面这些物品上:

★ 铅笔或钢笔杆身的顶部。

★ 带有耐用吸管的水瓶的底部和侧面。

★ 笔记本/日历本的底部。

★ 椅子/桌子的底部。

活页夹/可分科目的笔记本

你有没有因为过多的笔记本数量感到杂乱无章? 我在你这个年龄的时候就有过这样的困扰,真希望我那个时候知道这个简单的让自己有条理的秘密。

如果你有五个需要学习的科目,请购买五个不同颜色的螺旋装笔记本(数学要买那种方格纸的笔记本)和与之匹配的带孔文件夹。根据类别标记它们,然后将它们放入一个大的三环活页夹中。

如果你总是感觉杂乱无章（这可能是"快速而摇摆不定"的感觉造成的），这将是一个很好的工具。因为你能更轻松地找到你的家庭作业，所以使用这个工具也可以帮助你减少"快速而情绪化"的感觉。

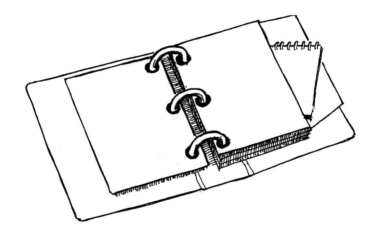

背包 / 挎包

如果你一整天都持续地背着你的背包或挎包,只要它足够重(但不要重到足以伤到你背部的程度),那么它就会为你提供大量的本体感觉输入,帮助你保持冷静。当你感觉"快速而情绪化"或"快速而摇摆不定"时,这是一个很好的工具。

环抱式靠枕

无论是在家还是在学校,靠在坚硬的垂直表面上的环抱式靠枕都能提供良好的背部支撑,而手臂处的扶手可以为你提供额外的本体感觉输入(只要它不是太大就可以)。如果你感到"缓慢而疲倦""快速而情绪化"或"快速而摇摆不定",那么这将是一个很好的工具。

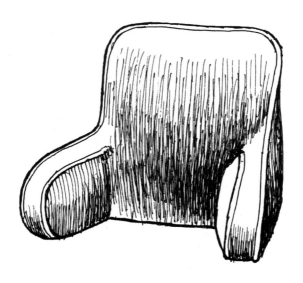

宠物窝式靠枕

宠物窝式靠枕,特别是那些侧面竖起的款式,可以为你提供大量的本体感觉输入。你需要确保它的大小对于你的身体尺寸来说是合适的。与环抱式靠枕类似,如果你感觉"缓慢而疲倦""快速而情绪化"或"快速而摇摆不定",那么这将是一个不错的选择。别担心,没有人会认为你是一只猫或一条狗!它看起来就像是一个漂亮的枕头!不要选择上面有骨头或鱼头图案的那种就好了,除非你喜欢那些图案!

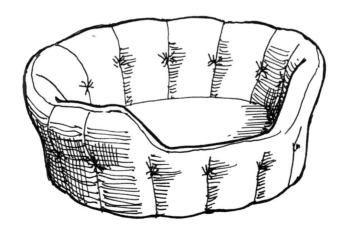

画出课程

你有没有遇到过这种情况:在老师讲课时,自己刚开始只是注意力不集中,然后就变成担心自己错过了课程?我有一个建议你可以试试。不过,在你开始做之前先去问问你的老师这是否是一个不错的选择,好吗?保持双手忙碌也会有助于保持头脑清醒。无论你是感觉自己"缓慢而疲倦""快速而情绪化"(且需要重新专注于课程)或者"快速而摇摆不定",这都是一个值得去尝试的好工具。

操作方法:

- ★ 标记你的感受,并将其与"画出课程"这个工具的使用联系起来。

- ★ 取出你的笔记本、活页夹或小白板和记号笔。

- ★ 注意听关键词或老师所说的主要内容。

- ★ 把老师所教的内容用画画的方式描述出来。

- ★ 提前安排时间与老师分享你的作业,尽可能多地参与到课程中去!

冷静区 / 放松区

当你刚开始在身体中感觉到我们所说的"或战或逃"的状态,而且"随时随地让身体休息一下"的练习也无效时,你可以去"冷静区 / 放松区"让自己冷却下来。当你感觉"快速而情绪化"(你需要让自己的思维慢下来)或"快速而摇摆不定"(你需要让自己的身体慢下来)时使用这个工具会是很好的选择。

操作方法：

★ 标记你的感受，并将其与"冷静区／放松区"这个工具的使用联系起来。

★ 你可以要求你的老师／治疗师／父母在你的学校或你的家里设置一个安全的地方。你可以自己为它选择一个名字！

★ 它甚至不一定是只能你自己单独使用的区域（如果是在学校，它可以是整个年级或整个班级的冷静区／放松区。在我看来，每个学校和家庭都应该有一个！）。

★ 你可以要求在这个区域放入一些工具或物品，这些工具和物品能使你和你的同龄人／兄弟姐妹感到快乐、平静和安全，并且让你们的光发出最明亮的光芒。

★ 以下是一些能让你的"冷静区／放松区"运行良好的例子：昏暗的灯光、存有轻松音乐的音乐播放器／MP3播放器、压力球、记号笔／纸、一份"自我肯定"列表、一张"我的十大优点"卡、空气是香草的香味或薰衣草的香味（薰衣草香能让人平静）、家人／朋友的照片等。如果你和你的同学／兄弟姐妹开始感到"快速而情绪化"或"快速而摇摆不定"的话，这将是一个你们始终可以去的安全的场所。

第十一章
让身体彻底休息：瑜伽

好了，到目前为止，我们已经学习了我们将在这次旅程中讨论的三类策略中的前两类。我们先讨论了"小动作"练习，或称"随时随地让身体休息一下"。然后我们讨论了不同类型的现成可用的工具，这些工具可以帮助我们感觉"刚刚好"，让我们感到快乐，并让我们的光更加明亮。

我们现在要去探索那些你可以在上学前或放学后进行的不同的"大动作"练习。在上学前（或一般在一天开始的时候）进行这些活动可以帮助你保持"刚刚好"和快乐的状态。在放学后（或在一天结束的时候）进行这些活动可以帮助你把做家庭作业、准备上床睡觉以及整个晚上的时间都变得更轻松、更没有压力。

你对时间、活动类型和活动水平的选择取决于一天中对你来说哪些是最容易的部分，哪些是最困难的部分，也取决于你有多少时间以及你身体方面的活动能力如何。在安排下面这些练习时，你需要在心里考虑到以上这些因素。

重要提示：这些练习最好是光着脚在瑜伽垫上进行。要确保你有足够的地面空间来做每一个姿势。在做这些姿势之前，请先获得父母／监护人和医生（如果需要的话）的许可。

下犬式

这项练习能为你的双手、手臂、肩膀和双腿提供本体感觉输入以及前庭输入,因此无论你是感觉"缓慢而疲倦""快速而情绪化"还是"快速而摇摆不定",它都可以令你感觉"刚刚好"。

动作要领:

★ 标记你的感受。将那种感受与"下犬式"的练习联系起来。

★ 将那种感受放在手掌之中。

- ★ 俯卧,将手掌平放在肩膀旁边。
- ★ 用双手双脚将身体向上推起,将那种感受推到双手和双脚的下面,双腿尽可能伸直。保持10秒。
- ★ 重复做直到那种感受消失掉。

上犬式

这个姿势的练习为你的腹部、背部、手臂和腿部提供了本体感觉输入,当你感觉"缓慢而疲倦"或"快速而摇摆不定"时,练习这个姿势会特别有用。

动作要领：

★ 标记你的感受。将那种感受与"上犬式"的练习联系起来。

★ 将那种感受置于手掌之中。

★ 腹部着地俯卧在地上，手掌平放在你的胸部两侧。

★ 将你的身体向上推（将你的感受推到手掌下方），保持膝盖贴在地板上，用双手的手掌来承受你的体重。

★ 打开胸部，体会通过手掌向下压的重量。保持10秒钟。那种感受消失了吗？如果没有，请再做一次。

弓式

再说一次，你需要足够的地面空间来四处移动。这项练习会为你的躯干、背部、手臂和腿部的核心肌肉提供本体感觉输入，因此无论你是感到"缓慢而疲倦""快

速而情绪化"还是"快速而摇摆不定",它都能让你感觉"刚刚好"。

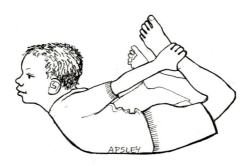

动作要领:

★ 标记你的感受。将那种感受与"弓式"的练习联系起来。

★ 俯卧,弯曲膝盖,将双脚抬离地板。

★ 手臂向后伸,抓住双脚的脚踝,将双腿拉起来(把你的感受抓在手中),将胸部抬离地板。

★ 用双手拉紧双腿保持这个姿势5~10秒钟。你的那种感受消失了吗?如果没有,请重复做这个练习。

桌式

这项练习需要大量的体力和耐力,它会提供持续的本体感觉输入和前庭输入。这是一项强有力的锻炼,如果你感觉"缓慢而疲倦""快速而情绪化"或"快速而摇摆不定"的话,它可能会对你有所帮助。

动作要领:

★ 标记你的感受。将那种感受与"桌式"的练习联系起来。

★ 首先坐在地板上,双腿向前伸直,手臂放在身体两侧。

- ★ 将双手放在臀部两侧约10厘米处，与肩同宽。

- ★ 用手掌平压地面，将指尖指向你的脚趾。把你的感受放在你双手双脚的下面。

- ★ 将双手和双脚牢牢地放在地板上，同时伸直你的肘部。将你的臀部向上抬。

- ★ 抬起胸部，使膝盖、躯干和胸部成一条直线，与地面平行。

- ★ 保持双腿稳定，并通过脚趾向下按压。

- ★ 如果你觉得这样做很舒服，请小心并轻轻地将头稍微向后仰（"头部倒置"练习）。

- ★ 保持这个姿势5~10秒钟。你的那种感受消失了吗？如果没有，请重复做这个练习。

婴儿式

这个姿势可以为你提供本体感觉输入和前庭输入。通过向内卷曲,你也有了一个机会可以走入自己的内心、专注于自己并在视觉上遮挡住外部世界。如果你感觉"快速而情绪化"或"快速而摇摆不定",那么这将是一个很好的练习。

动作要领:

★ 标记你的感受。将那种感受与"婴儿式"的练习联系起来。

★ 双膝跪地坐好。

★ 将你的感受想象为身体的中心。当你向内移动身体时,想象那种感受被挤走了。

★ 将臀部朝向脚后跟移动。

★ 向下和向前伸展身体的其余部分。完全伸展后,将手臂放在地板上放松,腹部紧贴大腿,前额抵住地板或垫子。

★ 只要感觉舒服就一直保持这个姿势,直到那种感受消失了为止。

拜日式

这个练习是在站立的状态下完成的。在练习的过程中,你必须将头俯伸到膝盖的高度以下,同时一边做动作一边进行深呼吸。这为你的身体提供了大量的前庭输入。如果你感觉"缓慢而疲倦""快速而情绪化"或"快速而摇摆不定"的话,这会是一个很好的练习。

动作要领：

★ 标记你的感受。将那种感受与"拜日式"的练习联系起来。

★ 将你的感受放在手掌之中。

★ 一边将双手举向天空，一边深深地吸一口气。

★ 呼气，弯腰向下，伸手去够脚趾，把头俯伸到膝盖以下。如果你需要弯曲膝盖才能摸到脚趾的话，你可以那样去做。

★ 如果需要，重复做这个练习，直到你的感受消失为止。

风车式

这个练习是在站立的状态下完成的。它需要平衡，用下伸的手臂带动头部压低到膝盖以下，同时转动脖子向上看。这为你的身体提供了大量的前庭输入。如果你感觉"缓慢而疲倦""快速而情绪化"或"快速而摇摆不定"的话，这会是一个很好的练习。

动作要领：

★ 标记你的感受。将那种感受与"风车式"的练习联系起来。

★ 将右脚脚尖指向外侧。

★ 将你的感受放在双手之中。

★ 深吸一口气，弯下腰，用右手触摸右脚，左臂抬起向上。

★ 呼气，转头去看指向天空的左手。

★ 深吸一口气，恢复正常站立的姿势。然后呼气，在另一边做重复的动作。

★ 反复做，直到你的感受消失为止。

直立前屈

这个练习是在站立的状态下完成的。它需要平衡,你必须将头俯伸到膝盖高度以下,同时转动脖子向上看。这为你的身体提供了大量的前庭输入。如果你感觉"缓慢而疲倦""快速而情绪化"或"快速而摇摆不定"的话,这会是一个很好的练习。

动作要领：

★ 标记你的感受。将那种感受与"直立前屈"的练习联系起来。

★ 从站立的姿势开始。

★ 将你的感受放在膝盖上。

★ 吸气，弯曲膝盖。

★ 呼气时身体向下弯，让头部接触膝盖。

★ 保持该姿势 5~10 秒钟，或者一直保持到你的感受消失为止。

第十二章
我们暂时要结束旅行了

恭喜你！你已经做到了。你已经仔细浏览了每一页，阅读了每个策略。现在你了解了不同练习和工具背后的含义。我希望这段旅程对你有所启发，让你能够在生活中控制自己的感受。

你知道什么对你来说是最好的——就像我喜欢素汉堡，而你可能喜欢烤香肠一样。策略也是这样的，是不是？我无法替你选择能帮助你感到快乐和"刚刚好"的策略。只有你自己才拥有那样的权力，因为那是你的身体，你的心。

你要明智地去选择。本书的每一页为你提供了工具和力量。你要成为一个榜样，成为那些我还没来得及向他们传达本书信息的其他人的榜样。你不仅要通过话语去分享这本书的内容，还要通过你自我控制的具体行动去分享这本书的内容。正是通过这种方式，我们不仅可以一起发光，还可以让我们的光照耀到世界各地。

第十三章
感觉"刚刚好",让你的光更闪亮

我们每次都需要从"刚刚好"自查表开始:

1. 呼吸感觉检查。将一只手掌平放在你的心脏部位,另一只手掌平放在你的腹部。关注自己的呼吸,关注自己是怎样吸气和呼气的:你的呼吸是均匀的吗?你呼吸得太快了或太慢了吗?感受手掌下自己的心跳:你的心跳是均匀的吗?或是跳得很快像在和谁赛跑似的?如果你的呼吸和心跳都太快了,那么请强迫自己缓慢而均匀地呼吸(请参阅第九章中关于"吹泡泡呼吸法"的详细说明)。你可以随时用这项策略来检查并了解自己的身体是如何对感觉做出反应的。当你感到"缓慢而疲倦""快速而情绪化"或"快速而摇摆不定"时,你也可以用这项策略来平复自己的呼吸和心率。

2. 标记你的感觉。现在你已经放慢了呼吸,让足够的氧气进入了你的大脑并给了自己足够的时间来思考。

你现在的感觉是怎么样的?先想一下你的感受属于哪一类。想象一下你的感受是发生在你身体的哪个部位以及这种感受是什么颜色的。然后,再进一步想想你的感受是什么(即你是否感到沮丧、悲伤,等等)。

3. 选择一种策略。想着你的感受,把你的感受握在手中,就好像它是某种物品那样。现在,无论你选择哪种策略,利用身体的、有形的练习或使用工具来夺取那种感受的能量并让它消失掉。这一步与"将大脑与身体连接到一起"的想法有直接的关系。

你的感受是什么:_____
你要使用的策略是什么:_____

我们有四种主要的感觉类别:"刚刚好""缓慢而疲倦""快速而情绪化"以及"快速而摇摆不定"。

当我们感受到身体上或情绪上强烈的感觉时,如果它强烈到会阻止我们完成我们想要或需要做的事情的话,那就说明我们没有处于"刚刚好"的状态。

当我们经历"快速而情绪化"或"快速而摇摆不定"

的感觉时，我们常常会处于"或战或逃"的状态。为了摆脱这种"或战或逃"的状态，我们需要激活副交感神经系统。我们通过特定的"随时随地让身体休息一下""工具"和"让身体彻底休息"来做到这一点。

工具很重要，它们在我们的日常生活中占有一席之地。如果环顾四周，你会发现很多人已经在使用工具却还没有意识到这一点。只有了解日常物品的用途以及它们是怎样帮助我们的，我们才能更有效地使用它们。

你对时间、活动类型和活动水平的选择，取决于一天中你的感受、你有多少时间以及你的身体活动能力如何。在安排做这些练习时，你应该在脑子里考虑到这些因素。

上学前（或在一天开始时）进行"让身体彻底休息"中的"大动作"活动可以帮助你保持"刚刚好"和快乐的状态。放学后（或在一天结束时）进行这些活动有助于把做家庭作业、上床睡觉和整个晚上的时间变得更容易、更轻松。

你的光代表了你所有的希望、积极的感受和美好的想法。当你感到快乐、平静、满足、冷静、专注和"刚刚好"时,它就会发光。

有时,你需要一些黑暗时刻(或困难的想法或感受)才能将光从内心深处带出来,并使其发出最亮的光芒。你要把这些时刻作为你能对世界产生积极影响的机会。

第二部分

写给成年人：
为孩子提供方法与支持

给父母和看护人：
如何充分利用这本书？

每当有人问及我的工作时，我的回答通常是："嗯，我差不多在做五种不同的工作！"我是一名全职儿科职业治疗师，我也是一位妈妈。我有三个了不起的孩子，他们现在分别是八岁、七岁和五岁。我是杰西卡·金斯利出版社的作者，也是一位网络博主！我尽力兼顾所有这一切。这些都是我人生旅程的一部分，不是吗？

我真的相信父母是孩子最好的治疗师。没有任何人，我的意思是，没有任何其他人，能像父母一样了解或喜爱自己的孩子。为人父母是我可以声称自己已经取得了的最艰难、最令人惊奇、最令人筋疲力尽但最有价值的成就。大家同样是为人父母的人，同样会面临很多的挑战，我要先给大家"点个赞"。当我们遇到这些困难的时候，我想建议大家使用本书中提到的一些方法。当然，你们也可能会发现其他一些更适合自己生活方式的办法！

- 我注意到如果家庭在孩子的整个生活环境中不断以多感官的方式强化策略和练习的话，孩子就能很好地学习并掌握与自我调节相关的技能。（我会在下一节对老师们解释这一点，因为这是真的！就像我们常说的，熟能生巧。）

- 这本书的内容很多。每周阅读、介绍一种新的自我调节策略，并持续 42 周（每个策略／工具用一周的时间学习）是弄明白这么多不同点子的好方法。您可以和孩子一起去做，也可以让孩子们自己去阅读，这取决于孩子的意愿和您的生活方式！在每周开始的时候，如果可能的话，用一种可行的、可视的方法来介绍并强化某项策略。

在一周的时间里，您可以通过以下一种或多种方式持续不断地强化该策略：

- 在适当的情况下，为策略提供有形的视觉上的辅助。比如，在孩子们最常光顾的家中区域（我自己家就是在厨房区域和"感官角"区域）贴上塑封了的"刚刚好"自查表、确认卡等可视化图表，或是把画有单一策略的视觉图打印出来，用打孔机打上孔，然后串到一起。或者，把策略纸条打印出来，塑封成手环，然后让所有家庭成员都佩戴它们。

- 在与孩子的日常交流中酌情嵌入与策略一致的用语。

- 在开始新的一天时，提醒您的孩子在可预见的失调发生时或在有潜在触发因素的时间里（课间休息、午餐等），他们可能会用到的策略或工具。可以这样对孩子说："我们本周的策略或工具是_____。我们今天可以在什么情况下使用它？"

- 确保所有服务提供者、管理员和各科老师，以及为您孩子服务的任何其他人，都在引导孩子进行自我调节方面使用相同的语言，并在需要时使用相同的策略和工具，以便孩子能最大化地学习到自我调节的技能。主动召集一个会议讨论这个问题，不要只是等着学校召开个性化教育计划会议（如果他们有个性化教育计划的话）。

- 在不需要使用本书的时候，将它放在您的孩子可以看到的区域。我自己家就是放在"感官角"区域里。

- 孩子们会模仿父母的言语，但更多的是模仿父母的行为。他们会通过父母的行为来模仿如何使用策略。例如，如果您生气了，请暂停并使用针对该情绪的策略，给孩子做出榜样。然后，用相应的语言向孩子解释自己的行为："我之前感觉'快速而情绪化'，但通过使用＿＿＿＿＿＿＿＿练习，我能够让自己平静下来。"

给教师和治疗师：
如何充分利用这本书？

我理解别人递过来一本书然后就要求我们"让魔法发生"是多么让人为难的一件事。所以，我在这里给大家提出一些建议：

- 让班级每周学习一种新的自我调节策略，持续42周，每个策略/工具花一周的时间来学习。在每周开始的时候，介绍某个策略，然后在可能的情况下提供可行的、可视化的辅助。在一周的过程中，继续通过以下一种或多种方式来强化该策略：

  - 在适当的情况下，为策略提供有形的视觉上的辅助。比如，在课桌上贴上塑封了的"刚刚好"自查表、确认卡等可视化图表，或是把画有单一策略的视觉图打印出来，用打孔机打上孔，然后串到一起。或者，把策略纸条打印出来，塑封成手环，然后让所有学生都佩戴这些手环。

- 在会议区或教室前面展示与策略相关的图表。

- 在和学生交流学习上的事情时酌情嵌入与策略一致的用语。

- 早会期间在黑板上写下提醒（或将其作为当天要做的任务）："我们本周的策略或工具是_____。我们今天可以在什么情况下使用它？"

● 确保所有服务提供者、管理人员和各科老师在引导孩子进行自我调节方面使用相同的语言，并在需要时使用相同的策略和工具，以便孩子能最大化地学习到自我调节的技能。

● 不使用本书时，将它放在所有孩子都能看到的地方。让不同的学生为全班大声朗读本书。考虑将每一章都变成课堂讨论内容，将孩子们分组，强调这样一种观点：每个人都有自己的"小困难、小麻烦"，每个人也都能从他人提供的一点点帮助中获益。

- 让孩子们的家人参与进来,了解孩子们所学的策略和工具,以便大家在课堂上所做的事情与孩子家人在家中使用的语言保持一致。

- 请向家长解释您为什么要教孩子们这些策略,以及这些策略将如何在孩子们的日常生活中帮助他们。请向家长强调家校联系的重要性,并告知家长您将把所教授的策略图表(以及如何在家中放置这些策略图表的示范)发送给他们,也要告诉他们您每周都会教些什么。

- 与班上孩子的家人分享正在学习的策略,最好是用放大了的图片来呈现。

- 通过每周简报的形式来分享一点您正在做的事情是一种有趣的方法。您可以在简报中解释当周所学策略的名称以及孩子们在课堂上是怎样使用那项策略的。在每周简报里还可以加入本书中的建议,这些建议会帮助孩子加强自我调节、正确处理自己的感受、学习社交情绪,并全面提升孩子的独立性,改善孩子在情绪方面的健康状况,使他们可以独自完成日常活动,并在社交情绪方面获得成长。

- 请考虑购买这本书,以便在需要时随时可以获得所有可用的策略、工具和图表。

- 确保您在与孩子的日常互动中会强化当周学习的策略。例如,当你们开始新的一天时,试着一起预测一下,该策略可能会在当天的哪个时候派上用场。

- 通过您自己的行动给孩子树立一个使用这些策略的榜样。例如,如果您生气了,请停下来,使用针对该情绪的策略,给孩子们做个示范。然后,您可以对孩子们这样说:"我之前感觉'快速而情绪化',但通过使用_____的练习,我能够让自己平静下来。"

马斯洛人类需求层次及其与儿童发展的联系

亚伯拉罕·马斯洛是一位美国心理学家,他创造了马斯洛人类需求层次理论。这个理论是一个行动方面的优先级模型,也就是说,在较低层次的需求得到满足之前,人们是无法明确金字塔中较高层次的需求的。

马斯洛人类需求层次

那么，这一理论是如何适用于和我们一起生活或一起工作的孩子们呢？需要注意的是，与我们成年人一样，儿童也有许多的生理和情感需求。根据内部和外部因素的不同，满足这些需求的频率和效率通常也是不同的。

作为教育者、治疗师和父母／看护人，我们要确保尽最大努力让这些孩子达到金字塔的最基本层次，这是非常重要的。必须先满足他们最基本层次的需求，然后再期望他们达到更高的层次，包括尊重和自我实现。我们需要考虑的一些较低级别的事情如下：

需要考虑的基本需求

1. 来到学校的孩子们睡眠充足吗？
2. 孩子们全天喝的水足够多吗？
3. 孩子们吃的早餐营养丰富吗？他们吃的是健康的零食和饭菜吗？
4. 教室／家庭环境中的温度是最适合的吗？
5. 孩子们在整个上学期间能感到安全和受到保护吗？

解决基本需求的一些建议

睡眠

- 如果孩子的睡眠是一个问题,并且如果您发现您的一些学生似乎一直很困的话,请考虑制定一张睡眠时间表。

- 蓝光光谱对睡眠的影响。在光谱中的所有光中,蓝光对褪黑激素的抑制作用最强。哈佛大学的研究人员和他们的同事进行了一项实验,比较了暴露在蓝光下 6.5 小时与暴露在绿光下 6.5 小时对人的影响。蓝光抑制褪黑激素的效果是绿光的两倍,并且蓝光还使昼夜的节律移动了两倍(从 1.5 小时变成了 3 小时)。因此,对孩子夜间的活动可以做如下调整:睡前 2~3 小时避免看明亮的屏幕(包括 iPad、电脑和电视),使用红光夜灯(如果孩子使用夜灯的话),并确保孩子在白天能有大量的时间暴露在阳光之下。

饮水

要确保孩子们全天都喝水,在教室内和教室外都要保证。要想做到这一点,一种不错的方法是让孩子们自己带上水瓶,并且在课堂时间使用它们。带有吸管的水瓶有助于孩子们集中注意力,并且还可以防止溢出。

有营养的食物

以下是一些有益健康的食物和"可以健脑"的食物:

有益健康的食物

- 杏
- 牛油果
- 山莓
- 番茄
- 哈密瓜
- 蔓越莓汁
- 葡萄干
- 无花果
- 柠檬和酸橙
- 西兰花
- 菠菜
- 白菜
- 南瓜或南瓜属的蔬菜
- 大蒜
- 芝麻菜
- 小麦胚芽／燕麦片
- 藜麦
- 坚果和花生

- 洋葱
- 菜蓟
- 姜
- 扁豆
- 酸奶和脱脂牛奶
- 三文鱼和虾

可以健脑的食物

- 麦片。这种谷物具有高纤维，蛋白质含量也比较高，可以改进特殊记忆和短期记忆测试的结果以及听觉注意力测试的结果。

- 蓝莓含有与增强记忆力和认知功能相关的抗氧化剂。如果孩子们不喜欢新鲜的蓝莓，可以试试让他们吃冷冻的蓝莓。

- 鸡蛋富含蛋白质和胆碱，对记忆干细胞很重要。

- 亚麻籽是欧米伽3（Omega-3）脂肪酸的重要来源（与提高学习能力有关）。您可以尝试将它们撒在麦片上给孩子们吃。

温度

请注意，如果您感到冷，那么您教室或家里的孩子们会感到更冷。请您尽最大的努力调节好温度，并控制好您对孩子们的注意力和他们整体自律方面的期望值。

安全和安稳

为孩子们提供一致且可以预测的某些仪式和惯例是帮助他们增加安全感的相对简单的方法。

促进整体自律的简单办法

在家庭、教室或治疗空间,有很多通用的办法,可以为孩子们学习、适应环境,改善每日的活动打造一个适合的地方,从而让您的孩子/学生变得更加自律。

以下的建议为您提供了一些选择,让您可以进一步培养孩子的相关技能。这些建议可以提供给您的家庭/课堂中的所有成员,不必有任何限制和约束。我希望您可以发现,这些建议能很容易地融入您已经很繁忙的日程安排中。由此,孩子们在不同时间、不同地点使用相关策略和工具时就可以在流程和步骤方面保持一致性了。

- 使用自然光或白炽灯。 白炽灯泡是一种能发出温暖光芒的电灯,它不像荧光灯泡那样刺眼。 荧光灯发出的光线质量较差(因为它的光谱范围较窄)。 缺乏广谱光照会影响我们的身体机能,例如我们的昼夜节律。 如果您无法做这个选择,那么请尝试打开百叶窗并关闭一盏荧光灯吧。

- 使用低频音乐来促进自我调节和平静感。双耳节拍音乐有助于提高孩子们的注意力。

- 提供各种不同大小、形状和质地的软枕头、垫子和靠垫,供孩子们在阅读、写作、互动游戏等过程中使用。

- 不要让学生或您自己的孩子坐得比适合他们年龄的时间长。有一个不错的策略是使用计时器,大约按每岁一分钟进行设置(即,如果这组孩子是八岁,我会将计时器设置为八分钟)。八分钟后,让他们起身并进行基于运动的自控训练活动,这些活动要能为他们提供本体感觉、跨越中线或前庭输入。

- "当我的镜子"运动。告诉孩子们,他们要准确地模仿您的动作,就好像他们是您的镜子一样。这个过程不仅迫使他们放慢速度并进行身体控制,而且能激活他们大脑中的镜像神经元,这对于他们提高整体注意力来说是很重要的。

- 曼陀罗。作为一种放松或冥想的练习,可以为您的孩子们提供适合他们精细运动技能水平的曼陀罗，并让他们在指定的时间内简单地着色。告诉他们这并不着急，他们有几天的时间来完成，重点是要把颜色涂在线框内，花时间专注于自己并从一天中找一段时间让自己休息一下。您可以将此活动与播放低频音乐相结合。

- 孩子们保持身体坐直的时间太多了。您可以考虑允许他们在听课和完成作业时，采用俯卧（腹部放在地板上）、站立或其他姿势。

- 您可以考虑将本书中列出的"让身体彻底休息"的姿势作为统一例行程序的一部分。您可以尝试让孩子们在早晨上学前做这个练习，也可以作为晨课时间表的一部分，或者作为午餐／课间休息后的冷静活动。您可以用这些练习作为长时间做家庭作业中的调剂，也可以把这些练习作为睡前的仪式。这不仅可以改善孩子整体的身体状态和情绪调节能力，还可以为孩子提供一致性和安全感，让他们觉得自己可以预测他们的日常生活。

- "骄傲板"。在您的家中、治疗空间或教室中放置一块"骄傲板"。写上学生的名字并留出空间来展示他们最引以为豪的、最喜欢的作品。(注意:如果您把这块板做成有磁性的,那么孩子们就可以很轻松地把他们"引以为豪"的物品贴上去或取下来。)

- "我们的课堂/家庭激励书"。您可以将讨论"自信"作为一项全班活动或家庭活动。您可以使用日常课堂/家庭经历中的具体事例或您在网上找到的励志名言。下一步,您的班级可以创建一本"我们的课堂/家庭激励书",让每个孩子/每组孩子写一段励志或鼓舞人心的名人名言或谚语,他们可以给这段话画上插图。或者,您可以为他们拍摄一幅能代表该名言的照片。例如,如果孩子选择的名言是关于毅力的,您可以拍摄一个孩子或几个孩子在对他们来说具有挑战性的领域努力工作的照片。在孩子们信心下降或情绪失调的时候,您可以引导他们把这本书看作是增强信心的助力器!

- 让孩子们可以随时进入教室和家庭环境中设置的安静区域(与计时器搭配使用)。这个区域可以非常简单,就像一个私人工作区(降噪耳机与视觉刺激阻挡器配合使用),或者是一个远离其他学生的放置在安静空间的独立办公桌,还可以是一个"帐篷"——用毯子盖住或用枕头围起来的桌子。

- 在教室和家庭环境中设立一个冷静/感受区域。您需要观察孩子的身体或情绪调节能力下降的迹象。当这种迹象开始出现时,就引导孩子去这个区域。您可能想要的物品包括有:豆袋(可以提供豆袋挤压)、磁性橡皮泥、熔岩灯/水族灯、绘图板/蜡笔、薰衣草/香草香味材料(镇静香味)、加重的膝垫/毯子、闪光罐、一盒玩具沙子等。这个区域也可以让您的孩子在里面独自完成学校的功课。当他们感到情绪失调时,也可以到那里去。

- 您可以考虑创建一个包含不同物品(例如:磁性橡皮泥/超轻黏土、一个小记事本和几支蜡笔、迷你闪光罐、小压力球等)的情绪控制工具箱。您以让孩子们把工具箱里的东西带到某些可能会引发他们失调的环境中去。当您注意到孩子情绪失调的最初迹象时,就将这些工具提供给他们,并指导他们使用这些工具。假以时日,孩子们就不需要您的指导就会自己去使用这些工具了。

- "积极肯定罐"。我们有一个基于家庭和治疗的"积极肯定罐"。罐子里放着写有不同的肯定话语的石头和卡片。这些东西很容易拿到,因为它们被放在我们的厨房、冷静区域等经常要出入的地方。

附 录

附录一
"刚刚好"自查表

塑封可以提高耐用性和便携性,是非常有益的做法,并且,如果需要的话,还可以将其与其他复印好的图表一起固定在钥匙圈上,以便在不同的环境中随身携带。您可以复印这份清单并将其放置在不同的场景中,以便孩子们可以在各个地方学习这种技能。您只需要将其塑封或放置在塑料保护套中就可以了!

"刚刚好"自查表

1. 呼吸感觉检查。将一只手掌平放在你的心脏部位，另一只手掌平放在你的腹部。关注自己的呼吸，关注自己是怎样吸气和呼气的：你的呼吸是均匀的吗？你呼吸得太快了或太慢了吗？感受手掌下自己的心跳：你的心跳是均匀的吗？或是跳得很快像在和谁赛跑似的？如果你的呼吸和心跳都太快了，那么请强迫自己缓慢而均匀地呼吸（请参阅第九章中关于"吹泡泡呼吸法"的详细说明）。你可以随时用这项策略来检查并了解自己的身体是如何对感觉做出反应的。当你感到"缓慢而疲倦""快速而情绪化"或"快速而摇摆不定"时，你也可以用这项策略来平复自己的呼吸和心率。

2. 标记你的感觉。现在你已经放慢了呼吸，让足够的氧气进入了你的大脑并给了自己足够的时间来思考。你现在的感觉是怎么样的？先想一下你的感受属于哪一类。想象一下你的感受是发生在你身体的哪个部位以及这种感受是什么颜色的。然后，再进一步想想你的感受是什么（即你是否感到沮丧、悲伤，等等）。

3. 选择一种策略。想着你的感受,把你的感受握在手中,就好像它是某种物品那样。现在,无论你选择哪种策略,利用身体的、有形的练习或使用工具来夺取那种感受的能量并让它消失掉。这一步与"将大脑与身体连接到一起"的想法有直接的关系。

你的感受是什么:＿＿＿＿＿＿＿＿＿＿＿＿＿＿＿＿

你要使用的策略是什么:＿＿＿＿＿＿＿＿＿＿＿＿＿

附录二
"我的十大优点"卡

　　塑封可以提高耐用性和便携性，是非常有益的做法，并且，如果需要的话，还可以将其与其他复印好的图表一起固定在钥匙圈上，以便在不同的环境中可以随身携带。您可以复印这张卡并将其放置在不同的场景中，包括教室、治疗室（甚至可以贴在冰箱门上）以便孩子们可以随时写上他们自己的优点。您只需要将其塑封或放置在塑料保护套中就可以了！

我的十大优点

1) _____
2) _____
3) _____
4) _____
5) _____
6) _____
7) _____
8) _____
9) _____
10) _____

附录三
"自我肯定"清单

塑封可以提高耐用性和便携性,是非常有益的做法,并且,如果需要的话,还可以将其与其他复印好的图表一起固定在钥匙圈上,以便在不同的环境中随身携带或用作书签。您可以复印这份清单并将其放置在不同的场景中,包括教室、治疗室(甚至可以贴在冰箱门上)以便孩子们可以重复对自己的肯定或随时添加上对自己的肯定。您只需要将其塑封或放置在塑料保护套中就可以了!

自我肯定

"杯子是半满的(相对于'杯子是半空的')。"

"我无法改变他人,但我能改变我自己。"

"我能让我所在的那部分世界变得更美好。"

"我很自信。"

"我知道自己是一个好学的人。"

"我可以做任何我想要做的事情。"

"我无所畏惧。"

"我有自制力。"

"我爱我自己。"

"我很专注。"

"我是我生活社区的重要成员。"

_____

_____

附录四
"刚刚好"的自我观察记录表

塑封可以提高耐用性和便携性，是非常有益的做法，并且，如果需要的话，还可以将其与其他复印好的图表一起固定在钥匙圈上，以便在不同的环境中随身携带或用作书签。您可以复印这份清单并将其放置在不同的场景中，以便孩子们随时能将这种自我监控的步骤应用到自我调节的过程中去。简单塑封一下就行！

"刚刚好"的自我观察记录表

第 1 步：呼吸感觉检查

第 2 步：标记你的感觉

　　　　★ 缓慢而疲倦

　　　　★ 快速而情绪化

　　　　★ 快速而摇摆不定

　　　　★ 刚刚好

第 3 步：选择一种"随时随地让身体休息一下"的策略

策略：_____。

这个策略产生效果了吗？自查一下。深呼吸一次。如果没有达到效果，请尝试使用一种工具。

工具：_____。

这个工具产生效果了吗？自查一下。深呼吸一次。如果没有达到效果，请尝试做一个"让身体彻底休息"中的动作。

动作：_____。

哪种方法让你觉得"刚刚好"？

下次有同样感觉的时候先试试这个！

附录五
桌面提醒字条

这些字条非常适合放置在桌子上和各种环境中,以便孩子们能随时使用他们学到的技能。您可能希望用彩色的纸来为这些字条做出分类,以便它们更容易被看到。例如,您可能想在蓝色的纸上打印与"缓慢而疲倦"相关的字条,在红色或粉红色纸上打印与"快速而情绪化"相关的字条,在绿色的纸上打印与"快速而摇摆不定"相关的字条。您可以考虑将这些字条塑封以提高它们的耐用性。

缓慢而疲倦（附图）

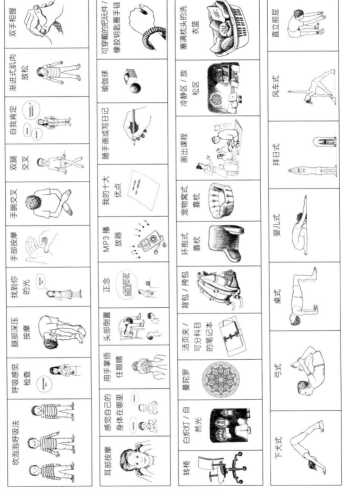

快速而摇摆不定（附图）

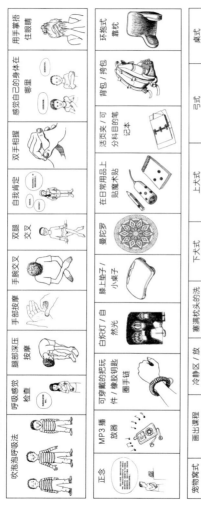
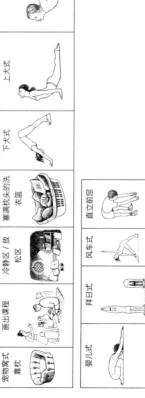

附录六
提醒手环

这些手环非常适合孩子们在各种环境中持续佩戴，以便他们能随时练习并提高这些技能。您可能希望用彩色的纸来为这些字条做出分类，以便它们更容易被看到。例如，您可能想在蓝色的纸上打印与"缓慢而疲倦"相关的字条，在红色或粉红色纸上打印与"快速而情绪化"相关的字条，在绿色的纸上打印与"快速而摇摆不定"相关的字条。您可以考虑将这些字条塑封以提高它们的耐用性。

150 成为自己的"冷静大师"

缓慢而疲倦（附图）

快速而情绪化（附图）

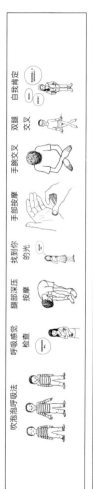

快速而摇摆不定（附图）

附录七
"画或写"日记卡

可以这么说,这是发泄情绪和减轻压力的好工具。你可以把你的情绪写下来,记下几个词,或者,画些什么来表示。你可以将这个日记卡模版塑封起来。如果你使用可以放在口袋里的可擦除记号笔,那这就是一个便携式的"随身记事本"了。

如果你使用工作表模板,那么在这些工作表的顶部,会有如下你可以选择是否照着去做的流程:

1. 呼吸感觉检查。
2. 标记你的感觉。
3. 选择一种策略。
4. 写/记/画出来。

"画或写"日记卡

第 1 步：呼吸感觉检查。

第 2 步：标记你的感觉。

　　　　★ 缓慢而疲倦

　　　　★ 快速而情绪化

　　　　★ 快速而摇摆不定

　　　　★ 刚刚好

第 3 步：选择一种策略。

第 4 步：花时间想一想：我今天可以使用哪些策略来保持自己"刚刚好"的感觉，并且处于可以自我控制的状态之中呢？